中等职业教育课程改革国家规划新教材

金属加工与实训
（焊工实训）

王云鹏　主　编

尹文新　副主编

李家枢　夏兆纪　葛金印　刘翔宇　主审

电子工业出版社

Publishing House of Electronics Industry

北京·BEIJING

内 容 简 介

本课程是中等职业学校机械类及工程技术类相关专业的一门基础课程，是依据教育部新颁布的《中等职业学校金属加工与实训教学大纲》编写的，主要讲述了焊接安全与文明生产、气焊、气割、焊条电弧焊基础知识和基本技能训练。同时，对二氧化碳气体保护焊、氩弧焊、埋弧焊等其他焊接方法做了简单介绍。

本书采用了模块式的编排，以基本知识和技能训练为重点，结合实际考核项目的要求进行操作训练。除满足非焊接专业学生取证的理论与技能需求，在实际训练模块的内容和要求上有所扩展，可作为焊工培训的参考书目。

图书在版编目（CIP）数据

金属加工与实训. 焊工实训/王云鹏主编. —北京：电子工业出版社，2010.7

中等职业教育课程改革国家规划新教材

ISBN 978 - 7 - 121 - 10507 - 4

Ⅰ. 金…　Ⅱ. 王…　Ⅲ. ① 金属加工 - 专业学校 - 教材　② 焊接 - 专业学校 - 教材　Ⅳ. TG

中国版本图书馆 CIP 数据核字（2010）第 041525 号

策划编辑：白　楠
责任编辑：关雅莉
印　　刷：北京虎彩文化传播有限公司
装　　订：北京虎彩文化传播有限公司
出版发行：电子工业出版社
　　　　　北京市海淀区万寿路 173 信箱　邮编 100036
开　　本：787×1092　1/16　印张：8.25　字数：211.2 千字
版　　次：2010 年 7 月第 1 版
印　　次：2023 年 9 月第 12 次印刷
定　　价：11.50 元

凡所购买电子工业出版社图书有缺损问题，请向购买书店调换。若书店售缺，请与本社发行部联系，联系及邮购电话：(010)88254888，88258888。

质量投诉请发邮件至 zlts@ phei. com. cn，盗版侵权举报请发邮件至 dbqq@ phei. com. cn。

本书咨询联系方式：(010)88254592，bain@ phei. com. cn。

中等职业教育课程改革国家规划新教材
出 版 说 明

为贯彻《国务院关于大力发展职业教育的决定》(国发〔2005〕35号)精神,落实《教育部关于进一步深化中等职业教育教学改革的若干意见》(教职成〔2008〕8号)关于"加强中等职业教育教材建设,保证教学资源基本质量"的要求,确保新一轮中等职业教育教学改革顺利进行,全面提高教育教学质量,保证高质量教材进课堂,教育部对中等职业学校德育课、文化基础课等必修课程和部分大类专业基础课教材进行了统一规划并组织编写,从2009年秋季学期起,国家规划新教材将陆续提供给全国中等职业学校选用。

国家规划新教材是根据教育部最新发布的德育课程、文化基础课程和部分大类专业基础课程的教学大纲编写,并经全国中等职业教育教材审定委员会审定通过的。新教材紧紧围绕中等职业教育的培养目标,遵循职业教育教学规律,从满足经济社会发展对高素质劳动者和技能型人才的需要出发,在课程结构、教学内容、教学方法等方面进行了新的探索与改革创新,对于提高新时期中等职业学校学生的思想道德水平、科学文化素养和职业能力,促进中等职业教育深化教学改革,提高教育教学质量将起到积极的推动作用。

希望各地、各中等职业学校积极推广和选用国家规划新教材,并在使用过程中,注意总结经验,及时提出修改意见和建议,使之不断完善和提高。

教育部职业教育与成人教育司

2011 年 6 月

前　言

本书是根据教育部 2009 年颁布的《中等职业学校金属加工与实训教学大纲》，并结合《国家职业标准》和职业技能鉴定的有关要求组织编写而成的中等职业教育课程改革国家规划新教材，包括新大纲规定的焊工实训模块及相关知识。

本课程是中等职业学校机械类及工程技术类相关专业的一门基础课程。本书主要讲述了焊接安全与文明生产、气焊、气割、焊条电弧焊基本技能训练及相关知识。全书采用了模块式的编排，以技能训练为重点，结合实际考核项目的要求进行操作训练。学习的目的是使学生掌握必备的金属焊接加工工艺的知识和技能；培养学生分析问题和解决问题的能力，使其形成良好的学习习惯，具备学习后续专业技术的能力；对学生进行职业意识培养和职业道德教育，使其形成严谨、敬业的工作作风，为今后解决生产实际问题和职业生涯的发展奠定基础。

本书的编写特点如下：

1. 突出技能训练。在每一单元中除讲述必要的知识点外，更多的是对不同实训项目的介绍，以培养学生较强的动手能力。

2. 紧密结合焊接特殊工种的考核要求。

3. 加入与高新技术或产业有关的新方法、新技能，力求反映技术的最新水平。

4. 采用最新的国家标准，内容更加规范化。

本书教学所需学时为 1~2 周，教学时可根据实际情况进行安排。

为了保证教材的编写质量，突出能力目标、技能训练的方法和手段，本书还邀请了企业技术人员参加编写。全书共分为六个单元，其中绪论、第一、二、三单元由北京机电科技职业技术学院王云鹏编写；第四、五单元及附录由石家庄工程技术学校尹文新编写；全书由王云鹏担任主编。

本书经全国中等职业教育教材审定委员会审定通过，由清华大学李家枢、临沂市技术学院夏兆纪审稿，电子工业出版社还聘请了无锡机电高等职业技术学校葛金印和承德石油高等专科学校刘翔宇审阅了书稿，他们对本书的编写提出了许多宝贵的意见和建议，在此一并表示感谢！

本书编写过程中参阅了部分工具书和最新国家标准。在此向有关作者表示衷心的感谢！

由于编者水平有限，书中难免有不妥之处，恳请读者批评指正。

为了方便教师教学，本书还配有电子教学参考资料包，请有此需要的教师登录华信教育资源网（http://www.hxedu.com.cn）免费注册后进行下载，具体下载方法详见书后反侵权盗版声明页，有问题时请在网站留言板留言或与电子工业出版社联系（E-mail：hxedu@phei.com.cn）。

编　者

2011 年 6 月

目　　录

绪　　论

 焊接过程的原理与焊接方法的分类

焊接是金属连接的一种工艺，也是一门综合性应用技术。

（1）焊接过程的原理

焊接是通过加热或加压，或者两者并用（有些需要使用填充材料，有些则不需要），使焊件间达到原子结合的一种金属加工方法，焊接与其他的金属连接方法的根本区别在于：通过焊接，两个焊件不仅在宏观上建立了永久性的连接，而且在微观上形成了原子间的结合。

（2）焊接方法的分类

为使金属接触表面达到原子间结合的目的，必须从外部给被连接的金属以很大的能量，按焊接过程中金属所处的状态不同，可以把焊接方法分为熔焊、压焊和钎焊3大类。

① 熔焊

熔焊指在焊接过程中，将焊件接头加热至熔化状态，不加压而完成焊接的方法。在加热的条件下，增强了金属的原子动能，促进原子间的相互扩散，当被焊金属加热至熔化状态形成液态熔池时，原子之间可以充分扩散，紧密接触，冷却凝固后就可以形成牢固的焊接接头。

熔焊是金属焊接中最主要的一种方法，常用的有焊条电弧焊、埋弧焊、气焊、电渣焊、气体保护焊等。

② 压焊

压焊就是在焊接过程中，无论加热与否，必须对焊件施加一定的压力以形成焊接接头的焊接方法。这类连接有两种方式：

◇ 将两块金属的接触部位加热到塑性或局部熔化状态，然后施加一定的压力，从而增加两块金属焊件表面的接触面积，促使金属的有效接触，最终形成牢固的焊接接头。采用这种方式的压焊方法主要有电阻焊、摩擦焊、锻焊等。

◇ 不进行加热，仅在被焊金属的接触面上施加足够的压力，借助于压力所形成的塑性变形，使原子间相互紧密接触而形成牢固的接头。采用这种方式的压焊方法有冷压焊、爆炸焊等。

③ 钎焊

钎焊是采用比母材熔点低的钎料做填充材料，在低于母材熔点、高于钎料熔点的温度下，借助于钎料润湿母材的作用以填满母材的间隙并与母材相互扩散，最后冷却凝固，形成牢固的焊接接头的方法。常用的钎焊方法有电烙铁钎焊、火焰钎焊等。

焊接的应用与发展

焊接是金属连接的一种工艺，也是一门综合性应用技术。

焊接生产几乎渗透到国民经济的各个领域，如工业中的石油与化工机械（如图 0-1 所示）、重型与矿山机械、起重与吊装设备、冶金建筑、各类锻压机械等；交通运输业中的汽车、船舶（如图 0-2 所示）、车辆、拖拉机的制造；兵器工业中的常规兵器、火箭、深潜设备；航空航天工业中的人造卫星和载人飞船（如图 0-3 所示）等。对于许多产品，如核电站的工业设备及开发海洋资源所必需的海上平台、海底作业机械或潜水装置（如图 0-4 所示）等，为了确保其加工质量和后期使用的可靠性，难以找到比焊接更好的加工技术。

世界最大的煤液化反应器（中国制造）

直径=5.5m　壁厚=337mm　长度=62m　重量=2060t

图 0-1　煤液化反应器

30万吨超大型原油船（中国制造）

总长333米　宽度58米

图 0-2　原油船

图 0-3　飞船

深海油田生产基地

图 0-4　海上作业装置

焊接技术一直随着科学技术的整体进步发展和变革。在 19 世纪初的电气产业革命中，将电弧用于焊接开启了电弧焊的新纪元。20 世纪前期发明和推广了焊条电弧焊，中期发明和推广了埋弧焊和气体保护焊。随着现代科学的发展和进步，各种高能束（电子束、激光束）也在焊接上得到了应用。到了 20 世纪 70 年代，在世界范围内，焊接技术已经成为机械制造业中的关键技术之一。特别是 20 世纪后期，随着电子技术及自动控制技术的进步，焊接产业开始向高新技术方向发展，焊接技术突出地反映了整个国家的工业生产水平和机械制造水平。

学习的要求与方法

本教材的主要任务是：

①. 使学生掌握必备的焊接工艺知识和技能；

②. 能进行焊条电弧焊和气焊的基本操作；

③. 能制定简单零件的焊接工艺；

④. 能在规定时间内完成典型零件的焊接，并达到技术要求。

本教材根据《中等职业学校金属加工与实训教学大纲》编写。通过本课程的学习，应使学生达到以下要求：

①. 掌握常用的焊条电弧焊设备的选择和使用方法；

②. 掌握气焊、气割、焊条电弧焊的劳动保护及安全方面的基本知识；

③. 能正确使用气焊、气割、焊条电弧焊常用的工具及量具；

④. 初步掌握焊条的性能及选用和使用原则；

⑤. 初步掌握气焊、气割的基本操作技能；

⑥. 初步掌握焊条电弧焊的基本操作技能；

⑦. 了解焊条电弧焊焊接缺陷的种类、特征及产生的原因；

⑧. 掌握焊条电弧焊生产过程中的劳动保护及安全方面的基本知识；

⑨. 能够制定简单零件的焊接工艺。

学习本教材时应注意掌握学习方法。焊工实训是一门实践性较强的专业课程，应注意理论联系实际，善于综合运用专业知识去认识和分析在焊条电弧焊实习中的实际问题。学习本课程前，应使学生对焊接结构生产的全过程有一定程度的感性认识，通过组织学生进行现场参观和教学，加深对理论知识与实际操作关系的正确认识；也可结合电教教学的方式开阔学生的视野，培养学生分析问题和解决问题的能力。

单元1 焊接安全与文明生产

安全与文明生产对焊工来说是至关重要的，做一个合格的焊工就必须严格按照安全操作规程去做，以避免对焊工身体带来伤害及造成财产损失。

国家对焊工的安全健康非常重视，国务院"关于加强企业生产中安全工作的几项规定"以及全国安全生产会议决议中都明确指出："对于电气、起重、锅炉、受压容器、焊接等特殊工种的人员，必须进行专门的安全操作技术训练，经过考试合格后，才能允许现场操作。"

学习重点 论述安全生产的重要性，及安全生产规章制度。
学习难点 掌握安全生产及个人防护的有效措施。

模块 1 安全操作规程

遵守安全操作规程，预防事故发生

焊条电弧焊最容易引起的安全事故是火灾、爆炸、触电、烧伤、烫伤、有毒气体中毒及眼睛被弧光伤害等。因此应遵守安全操作规程，预防事故发生。

1. 对安全工作的一般要求

▷ **对焊接操作者**

◇焊接操作者必须持证上岗，严格遵守和执行安全操作规程。
◇对从事焊接工作的人员，应加强安全教育，落实安全措施，组织有关人员定期检查安全工作。

▷ **对场地**

◇焊接操作结束以后，应仔细检查焊接场地及其周围，确认没有事故隐患之后方可离开现场。

◇ 焊接车间、场地必须备有消防设备，如消防栓、砂箱和灭火器材等，并且要有明显的标识，如图 1-1 所示。

图 1-1　消防器材标识

2. 防火、防爆、防毒的安全措施

① 在焊接场所周围 10m 范围内不允许有易燃、易爆物品，焊接场所内的空气中不允许有可燃气体、液体燃料的蒸气及爆炸性粉尘等。

② 一般情况下，禁止焊接有压力（液体压力、气体压力）及带电的设备。

③ 对于有残存油脂或可燃液体、可燃气体的容器，焊接前应先用蒸汽和热碱水冲洗，并打开密封口，确定容器确实清洗干净并干燥后方可进行焊接。密封容器内不准进行焊接作业。

④ 焊接场所内必须注意通风，特别是在锅炉或容器内焊接作业时，应有监护人员，且必须采取良好的通风措施，及时将烟尘和有害气体排出。在焊接黄铜、铅等有色金属时必须要有通风除尘装置，以免中毒。

如图 1-2 所示是防火、防爆、防毒标识。

预防火灾标识　　　　　　防爆标志灯　　　　　预防毒气标识

图 1-2　防火、防爆、防毒标识

3. 防止触电的安全措施

① 焊接作业前，应先检查电焊机和所使用的工具是否安全，特别应检查电焊机外壳接地、接零是否安全可靠。

② 电焊机接通电源后，人体不能接触带电部位。

③ 应经常检查焊接电缆，保证电缆有良好的绝缘性。如果发现电缆线损坏，应立即进行修理或更换。

④ 经常检查电焊钳，使其具有良好的绝缘和隔热能力。

⑤ 做好个人防护。焊接操作时，应按劳动保护要求穿好工作服、焊工防护鞋，戴电焊手套，并保持干燥和清洁。

⑥ 特殊情况下（如夏天身体大量出汗、衣服潮湿等）工作时，切勿将身体倚靠在带电的工作台、焊件上或接触焊钳的带电部位。在潮湿的环境中焊接时，应在脚下垫干燥的木板或橡胶板，以保证绝缘。

⑦ 在夜间或较暗处工作需使用照明灯时，其电压不应超过36V。

⑧ 下班以后，电焊机必须拉闸断电，以防止触电、发生意外、发生火灾。

⑨ 电焊机的安装、修理和检查应由电工负责，焊工不得擅自拆修。

⑩ 改变电焊机接头，移动工作地点，根据焊接需要改接二次线路，检修焊机的故障和更换熔断丝时，必须切断电源。

如图1-3所示是用电安全标识及车间防止触电的安全宣传栏。

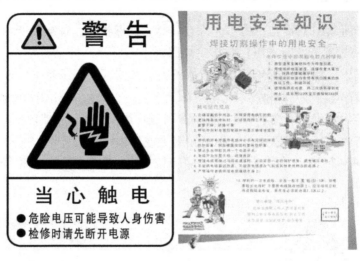

图1-3　用电安全与宣传

模块2　焊接生产中的劳动保护

做好劳动保护，避免身体伤害

按焊接对劳动卫生与环境危害因素的性质可分为物理因素（弧光、噪声、高频磁场、热辐射、放射线等）和化学因素（有毒气体、烟尘）。

1. 光辐射的防护

▶ 光辐射的产生

弧光辐射是所有明弧焊共同存在的有害因素。焊条电弧焊的弧温为5000~6000℃，因此会产生较强的电弧辐射。

电弧辐射作用到人体被体内组织吸收，引起组织作用，致使人体组织发生急性或慢性的损伤。焊接过程中的电弧辐射由紫外线、红外线和可见光等组成。

▷ 防护措施

光辐射防护主要是保护焊工的眼睛和皮肤不受伤害。为了防护电弧对眼睛的伤害，焊工在焊接时必须使用镶有特制滤光镜片的面罩，身着有隔热和屏蔽作用的工作服，以保护人体免受热辐射、弧光辐射和飞溅物等伤害。防护措施主要有：

◇ 佩戴护目镜
◇ 穿着防护工作服
◇ 戴电焊手套
◇ 穿工作鞋
◇ 车间弧光防护

有条件的车间可以采用不反光而又能吸收光线的材料作室内墙壁的饰面进行车间弧光防护。

2. 高频电磁场的防护

▷ 高频电磁场的产生

氩弧焊和等离子弧焊都广泛采用高频振荡器来激发引弧。这种脉冲高频电所产生的高频电磁场，通过焊钳电缆线与人体空间的电容耦合，即有脉冲电流通过人体。

▷ 防护的措施

为防止高频振荡器电磁辐射对作业人员的不良影响与危害，可采取如下措施：

① 工件良好接地，降低高频电流，同时焊把对地高频电位也可大幅度地降低，从而减小高频感应的有害影响。

② 在不影响使用的情况下，降低振荡器频率。脉冲频率越高，通过空间与绝缘体的能力越强，对人体影响越大，因此，降低频率，能使情况有所改善。

③ 加装屏蔽盒屏蔽把线及地线，使高频电场局限在屏蔽内，可大大减小对人体的影响。其方法为采用细铜线编织软线，套在电缆胶管外面。

④ 降低作业现场的温度、湿度。温度越高，肌体所表现的症状越突出；湿度越大，越不利人体散热。所以，加强通风降温，控制作业场所的温度和湿度，可减少高频电磁场对肌体的影响。

3. 噪声控制

▷ 噪声的产生

噪声存在于一切焊接工艺中，其中尤以等离子焰切割、碳弧气刨、等离子弧喷涂噪声强度较高。等离子焰切割和喷涂工艺，都要求有一定的冲击力，等离子流的喷射速度可达10000m/min，噪声强度较高，大多在100dB以上，喷涂作业可达123dB，且噪声的频率均在1000Hz以上。

▷ 控制措施

焊接车间的噪声不得超过90dB。控制噪声的方法有以下4种：

① 采用低噪声工艺及设备。如采用热切割代替机械剪切，采用电弧气刨、热切割坡口代替铲坡口，采用整流器、逆变电源代替旋转直流电焊机，采用先进工艺提高零件下料精度，以减少组装锤击等。

② 采取隔声措施。对分散布置的噪声设备，宜采用隔声罩；对集中布置的高噪声设备，宜采用隔声间；对难以采用隔声罩或隔声间的某些高噪声设备，宜在声源附近或受声处设置隔声屏障。

③ 采取吸声降噪措施，降低室内混响声。

④ 操作者佩戴隔音耳罩或隔音耳塞等个人防护器材。

4. 射线防护

➤ 射线的产生

焊接工艺过程的放射性危害主要来自氩弧焊与等离子弧焊时的钍放射性污染和电子束焊接时的 X 射线。当人体受到的射线辐射剂量不超过允许值时，不会对人体产生危害。电子束焊接时，产生的低能 X 射线，对人体会造成外照射，但危害程度较小，主要引起眼睛晶状体和皮肤损伤。

➤ 防护措施

射线的防护主要采取以下措施：

① 综合性防护。如用薄金属板制成密封罩，在其内部完成施焊；将有毒气体、烟尘及放射性气溶胶等最大限度地控制在一定空间，通过排气、净化装置排到室外。

② 钍钨极储存点应固定在地下室封闭箱内，钍钨极磨尖点应安装除尘设备。

③ 对真空电子束焊等放射性强的作业点，应采取屏蔽防护。

5. 粉尘及有害气体防护

➤ 粉尘及有害气体的产生

◇ 焊接电弧的高温将使金属剧烈蒸发，焊条和母材在焊接时也会产生各种金属气体和烟雾，它们在空气中冷凝并氧化成粉尘。

◇ 电弧产生的辐射作用于空气中的氧和氮，将产生臭氧和氮的氧化物等有害气体。

➤ 防护措施

减少粉尘及有害气体的措施有以下 3 点：

① 设法降低焊接材料的发尘量和烟尘毒性，如低氢型焊条内萤石和水玻璃是强烈的发尘、致毒物质，这时就应尽可能采用低尘、低毒、低氢型焊条（如"J506"低尘焊条）。

② 从工艺上着手，提高焊接机械化和自动化程度。

③ 加强通风，采用换气装置把新鲜空气输送至厂房或工作场地，并及时把有害物质和被污染的空气排出。通风可自然通风也可机械通风，可全部通风也可局部通风。目前，采用较多的是局部机械通风。

科技动态

许多焊接生产车间都配备了吸尘净化设备，可选用集中吸尘系统和移动式吸尘装置。LB—JZS型双臂式可移动焊接烟尘净化器是其中的一种，如图1-4所示，它具有净化效率高、噪声低、使用灵活、占地面积小等特点。

图1-4　焊接烟尘净化器

模块3　焊接生产中的安全技术

安全管理措施与安全技术措施缺一不可

安全管理措施与安全技术措施之间是互相联系、互相配合的，它们是做好焊接安全工作的两个方面，缺一不可。如果安全技术措施不完善或安全管理措施不健全，在焊接生产中极易导致发生工伤事故。

1. 焊工安全教育和考试

焊工安全教育是搞好焊接安全生产工作的一项重要内容，它的意义和作用是使广大焊工掌握安全技术和科学知识，提高安全操作技术水平，遵守安全操作规程，避免工伤事故。

▶ **焊工安全教育**

焊工刚入厂时，要接受厂、车间和生产小组的三级安全教育。同时安全教育要坚持经常化和宣传多样化，例如，举办焊工安全培训班、报告会、图片展览、设置安全标志、进行广播等多种形式，这都是行之有效的方法。

▶ **焊工安全考试**

按照安全规则，焊工必须经过安全技术培训，经过考试合格后才允许上岗独立操作。

2. 建立焊接安全责任制

安全责任制是把"管生产的必须管安全"的原则从制度上固定下来,这是一项重要的安全制度。通过建立焊接安全责任制,对企业中各级领导、职能部门和有关工程技术人员等,在焊接安全工作中应负的责任明确地加以确定。

工程技术人员对焊接安全也负有责任,因为关于焊接安全的问题,需要仔细分析生产过程和焊接工艺、设备、工具及操作中的不安全因素,因此,从某种意义上讲,焊接安全问题也是生产技术问题。工程技术人员在从事产品设计、焊接方法的选择、施工方案的确定、焊接工艺规程的制订,夹具的选用和设计等时,必须同时考虑安全技术要求,并应当有相应的安全措施。

总之,企业各级领导、职能部门和工程技术人员,必须保证与焊接有关的现行劳动保护法令中所规定的安全技术标准和要求得到认真贯彻执行。

3. 焊接安全操作规程

焊接安全操作规程是人们在长期从事焊接操作实践中,为克服各种不安全因素和消除工伤事故的科学经验总结。经对事故原因的分析表明,焊接设备和工具的管理不善,以及操作者的失误是产生事故的两个主要原因。因此,建立和执行必要的安全操作规程,是保障焊工安全健康和促进安全生产的一项重要措施。

应当根据不同的焊接工艺来建立各类安全操作规程,如气焊与气割的安全操作规程、焊条电弧焊安全操作规程及气体保护焊安全操作规程等。还应按照企业的专业特点和作业环境,制订相应的安全操作规程,如水下焊接与切割安全操作规程、化工生产或铁路的焊接安全操作规程等。

4. 焊接工作场地的组织

在焊接与气割工作场地中的设备、工具和材料等应排列整齐,不得乱堆乱放,并要保证有必要的通道,如图 1-5 所示。便于一旦发生事故时的消防、撤离和医务人员实施抢救。安全规则中规定:车辆通道的宽度不小于 3m,人行通道的宽度不小于 1.5m;操作现场的所有气焊胶管、焊接电缆线等不得相互缠绕;用完的气瓶应及时移出工作场地,不得随意横躺竖放;焊工作业面积不应小于 $4m^2$,地面应基本干燥;工作地点应有良好的天然采光或局部照明,须保证工作面照度为 50 ~ 100lx。

在焊割操作点周围 10m 直径的范围内严禁堆放各类可燃、易爆物品,诸如木材、油脂、棉丝、保温材料和化工原料等。如果不能清除时,应采取可靠的安全措施。若操作现场附近有隔热保温等可燃材料的设备和工程结构,必须预先采取隔绝火星的安全措施,防止在其中隐藏火种,酿成火灾。

室内作业应通风良好,不使可燃、易爆气体滞留。室外作业时,操作现场的地面与登高作业及与起重设备的吊运工作之间,应密切配合,秩序井然而不得杂乱无章。在地沟、坑道、检查井、管段或半封闭地段等处作业时,应先用仪器判明其中有无爆炸和中毒的危险。用仪器进行检查分析时,禁止用火柴、燃着的纸张在不安全的地方进行检查。对施焊现场附近的敞开的孔洞和地沟,应用石棉板盖严,防止焊接时火花进入。

图1-5   车间通道与标识

模块 4   焊接清洁生产

清洁生产，提高效率，降低对环境和人类安全的风险

伴随科学技术水平的提高和生产力的发展，人们更加关注生态环境的变化，也更多地关注环保生产、绿色生产，以及清洁生产的实施。如图1-6所示是国际绿色产业合作组织为达到目标要求的企业颁发的证书。

图1-6   国际绿色生产企业证书

1. 清洁生产的概念

清洁生产是指将综合性预防的战略持续地应用于生产过程、产品和服务中，以提高效率和降低对环境和人类安全的风险。

▷ **对生产过程来说**

清洁生产是指节约能源和原材料，淘汰有害的原材料，减少和降低所产生废物的数量和毒性。

⇨ **对产品来说**

清洁生产是指降低产品全生命周期（包括从原材料开采到产品寿命终结后的处置）对环境的有害影响。

⇨ **对服务来说**

清洁生产是指将预防战略结合到环境设计和所提供的服务中。

2. 焊接清洁生产的内容

焊接领域的清洁生产应包括以下内容：

① 尽可能地减少能源的消耗，节约原材料。例如，采用自动焊接方法取代手工电弧焊，提高生产率、节能，避免浪费焊条头。

② 尽可能不使用有毒、有害的物质，而用无毒、低毒的物质来代替，最终淘汰有毒物质。例如淘汰含铅钎料，研制新型无铅钎料。

③ 尽可能不产生有毒、有害物质的排放，降低粉尘和废弃物的数量和毒性。例如研制并推广使用低烟尘、低毒的焊接材料。

④ 在技术和经济条件可能的情况下，尽可能地使用可再生能源。

⑤ 产品要设计成在其使用终结后，可降解为无害产物，或者可以循环再利用。例如对报废的钎焊电路板钎料的重复利用。

⑥ 在危险物质生成前，实行在线监测和控制。

⑦ 通过降低使用成本，降低污染治理的费用，增加产量和提高质量，使企业获得更大的经济效益。

⑧ 按照清洁生产的原则，对焊接材料和焊接工程进行定量评估。

上述几方面的内容是焊接清洁生产应进行的工作。焊接工作者可以在这方面开展一系列的研究和推广工作，特别是要研究从源头而不是从生产过程的末端来解决废物的综合预防的办法和策略。

3. 焊接清洁生产的现状

近年来在焊接清洁生产方面进行了以下工作。

⇨ **采用高效节能的焊接电源**

从电焊机的设计上着手，采用节省铜材料并且节能的先进设计方案，并在电焊机设计时就考虑到产品报废回收的循环利用问题。另外，逆变电焊机由于有节铜、节能、高效的优点而受到重视。

⇨ **加紧无铅钎料的研制和推广**

铅和铅的化合物已被环境保护机构（EPA）列入前 17 种对人体和环境危害最大的化学物质之一。铅的毒性在于它是不可分解的金属，一旦被人体摄取会在人体中聚集而不能被排除，对人体产生严重毒性作用。

➡ 使用低烟尘、低毒、高效率的焊接材料

研究新一代低烟尘、高效率的绿色焊接材料是可持续发展战略对焊接工作者提出的新课题，这一课题的研究正处于起步阶段，如果对新一代低烟尘、高效率的焊接材料课题的研究得以成功，每年焊接材料的烟尘排放可以减少50%以上。

 复习与思考

一、判断题

1. （　　）焊接弧光中的紫外线主要对人体的眼睛和皮肤造成伤害。

2. （　　）特种作业是指容易发生人员伤亡事故，对操作者本人、他人及周围设施的安全有重大危害的作业。

3. （　　）焊接生产中最容易引起的事故有火灾、爆炸、烧伤、烫伤、触电、有毒气体中毒、弧光伤害等。

4. （　　）焊接烟尘的主要来源是空气中的粉尘。

5. （　　）燃料容器需要焊接时，若未经安全处理或密封容器未开孔洞，则会发生爆炸及火灾事故。一般情况下，禁止焊接有压力（液体压力、气体压力）及带电的设备。

二、单项选择题

1. 焊工防护服以白帆布工作服为最佳，其主要作用不包括以下哪个？（　　）
   A. 隔热不易燃　　　　　　　　B. 反射弧光
   C. 易清洗　　　　　　　　　　D. 减少弧光辐射和飞溅对人体烧伤及烫伤的危害

2. 对于潮湿而触电危险性较大的环境，我国规定安全电压为（　　）V
   A. 24　　　　B. 18　　　　C. 12　　　　D. 36

3. 噪声的频率越高，强度越大，对人的伤害会（　　）。
   A. 越小　　　　B. 越大　　　　C. 不变　　　　D. 无规律变化

4. 在焊接场所周围多远范围内不允许有易燃、易爆物品。（　　）
   A. 10m　　　　B. 15m　　　　C. 20m　　　　D. 25m

5. 在夜间或较暗处工作需使用照明灯时，其电压不应超过（　　）V。
   A. 24　　　　B. 18　　　　C. 12　　　　D. 36

三、简答题

1. 焊接生产中防火、防爆、防毒的主要安全措施有哪些？

2. 预防弧光辐射造成伤害的主要保护措施是什么？

3. 焊接清洁生产中，采用高效节能的焊接电源包括哪些内容？

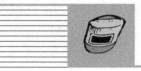

单元2 气 焊

气焊是利用可燃气体（乙炔或液化石油气）与氧气混合燃烧的火焰所产生的热量，将被焊材料局部加热到熔化状态，用或不用（卷边焊）另加填充金属而进行金属连接的一种焊接方法。

学习重点 掌握平敷气焊、平对接气焊及管材对接气焊的操作方法和技能。
学习难点 各种气焊方法火焰的调节。

模块 1 气焊训练前的知识准备

1. 气焊安全操作规程

①施焊场地周围应清除易燃、易爆物品，或进行覆盖、隔离。

②必须在易燃、易爆气体或液体扩散区施焊时，应经有关部门检验许可后，方可进行。

③氧气瓶、乙炔瓶应有防震胶圈，旋紧安全帽，避免碰撞和剧烈震动，并防止曝晒。

④防止回火的安全装置冻结时，应用热水加热解冻，不可用火烤。

⑤点火时，焊炬嘴不可对准人，正在燃烧的焊炬不得放在工件或地面上。

⑥不得手持连接胶管的焊炬爬梯、登高。

⑦严禁在带压的容器或管道上施焊，对带电设备应先切断电源。

⑧在储存过易燃、易爆及有毒物品的容器或管道上施焊时，应先清除干净，并将所有孔、口打开。

⑨工作完毕，应将氧气瓶、乙炔气瓶阀关好，拧上安全罩。检查操作场地，确认无着火危险，方可离开。

2. 气焊的工作过程

气焊最常用的是氧乙炔焊，其工作过程如图2-1所示。氧乙炔焊是指利用乙炔和氧气混合燃烧所形成的火焰（氧乙炔焰）进行焊接的方法。

乙炔与纯氧混合燃烧的火焰温度高达3000～3300℃，燃烧时放出的热量大，且热量相对集中，用该气体火焰加热并熔化焊件和填充金属形成熔池。同时气体火焰还可以隔绝空气，保护熔池，随着火焰移动，熔池金属冷却凝固后，形成焊接接头，如图2-2所示是气焊设备的组成示意图。

图2-1 气焊

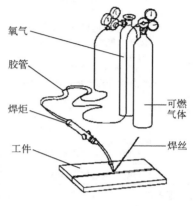

图2-2 气焊设备的组成

气焊的特点

① 气焊比其他焊接方法加热温度低、速度慢，特别适用于板厚为0.5～3.5mm的薄钢板、薄壁管、熔点较低的非铁金属合金、铸铁件的焊接及硬质合金的堆焊，并广泛用于被磨损零件的焊补。

② 气焊设备简单轻便，不需要电源，适用于野外施工及修理工作，因此气焊技术在现代工业上有一定的应用。

3. 气焊材料的选用

（1）气体的选用

气焊使用的气体除氧气、乙炔气外，近年来利用液化石油气焊接也得到了迅速发展，几种气体的性质见表2-1。

表2-1 气体性质

气体性质 ＼ 气体种类	氧 气	乙 炔 气	液化石油气
分子式	O_2	C_2H_2	主要成分丙烷 C_3H_8
物理性质	无色、无味、无毒，在空气中的含量为21%。当温度降低于-183℃时，氧气由气态转化为液态	无色、比空气轻，工业乙炔有强烈臭味，易溶于丙酮，且随乙炔压力增大，溶解度增大；随温度升高，溶解度降低	无色、有毒，比空气重。常温下以气态存在，施加0.8～1.5MPa压力即变为液态

续表

气体性质＼气体种类	氧 气	乙 炔 气	液化石油气
分子式	O_2	C_2H_2	主要成分丙烷 C_3H_8
化学性质	① 氧气与可燃气体混和燃烧比在空气中燃烧更为激烈，燃烧温度高 ② 压缩纯氧与油脂等可燃物接触，能发生自燃，引起火灾和爆炸 ③ 氧气几乎能与所有的可燃气体混和形成爆炸性混和物	① 乙炔属易燃气体，自燃点低，易受热升温而自燃 ② 乙炔发生爆炸的危险性随压力和温度增加而增大。当乙炔压力超过 0.147MPa 或温度超过 300℃ 时，遇火就会爆炸或自行爆炸 ③ 乙炔与空气或氧气混合爆炸性大为增加 ④ 乙炔溶解在液体里会大大降低爆炸性	① 液化石油气是可燃气体，与纯氧燃烧的温度为 2100℃ ~ 2700℃，但燃烧热比乙炔多 ② 液化石油气与氧气混合爆炸极限范围和爆炸危险性比乙炔小 ③ 液化石油气燃烧时需氧量多，燃烧速度比乙炔慢，不易回火
爆炸极限	与氧气混和的爆炸极限（%）	2.8 ~ 93	3.2 ~ 64
	与空气混合的爆炸极限（%）	2.2 ~ 81	2.3 ~ 9.5

注：工业上常常是将空气压缩成液态，在不同温度下分离出不同气体，如氮的沸点是-196℃，氩气的沸点是-186℃。

 科 技 动 态

目前，为了加速实现"环保节能"两大基本国策，研制和生产出了一种新型工业燃气，即 SE—6 环保节能工业燃气。其主要特点是：

① 环保。"SE—6 环保节能工业燃气"系绿色气体。增效剂无毒、无污染；不污染空气和水源；燃烧过程中不产生有害气体、无黑烟，不损害人体健康。

② 节能。每取代一吨乙炔燃气节省电 10 800 度，焦碳 4.5 吨。添加 SE—6 增效剂切割气可省 50% 以上的原料气。

③ 安全。不回火，爆炸极限 2.0 ~ 9.8（V/V），仅为乙炔燃气的 1/10，压力仅为乙炔燃气的 1/4 左右。燃点高于乙炔燃气，空气中燃烧速度为乙炔燃气的 1/3 左右。

④ 温度高。火焰温度高达 3 430℃，比国际同类最高温度 3 100℃ 还高 330℃，比乙炔燃气温度高 280℃，比丙烷高 910℃、比天然气 870℃。

⑤ 高效低成本。可替代一切工业燃气如乙炔、丙烷、天然气、"洋"品牌及其增效产品，并能达成全功能、高性能、低成本、高效益。

（2）焊丝的选用

气焊低碳钢采用焊丝 H08A，灰铸铁采用铸铁焊丝 RZC—1 或 RZC—2，黄铜采用 HS224，纯铝采用 HS301，铝合金（铝镁合金除外）采用 HS311 等。

气焊时焊丝只用做填充金属。焊接不同金属时，应采用与被焊金属成分相近或相同的焊丝。

（3）气焊熔剂的选用

气焊低碳钢和普通低合金钢时不必使用熔剂，而在焊接铸铁、耐热钢与不锈钢、铜及铜

合金、铝及铝合金等时，都需要使用气焊熔剂。

一般气焊耐热钢与不锈钢选用熔剂 CJ101（气剂 101），气焊铸铁选用熔剂 CJ201（气剂 201），气焊铜选用熔剂 CJ301（气剂 301），气焊铝选用熔剂 CJ401（气剂 401）。

气焊熔剂的作用是防止氧化，清除氧化物和增加熔池金属的流动性，改善润湿性能，利于熔合。

4. 气焊火焰的使用

氧乙炔焰按氧乙炔混合比值（指氧气与乙炔的混合比例）的不同可分为中性焰、碳化焰和氧化焰 3 种（如图 2-3 所示），其特征与应用见表 2-2。

图 2-3 火焰种类

表 2-2 氧乙炔焰的特征与应用

火焰特征＼火焰种类	中 性 焰	碳 化 焰	氧 化 焰
氧乙炔混合比	1.0~1.2	<1.0	>1.2
最高火焰温度（℃）	3150	<3000	3300
火焰特征	包括焰心、内焰和外焰。焰心呈亮白色，端部有淡白色火苗时隐时现，离焰心端前面 2~4mm 处温度最高	焰心、内焰和外焰三区很明显。焰心呈亮白色，内焰淡白色	有焰心，但没有内、外焰之分
应用	广泛用于气焊低碳钢、中碳钢、普通低合金钢、不锈钢等	轻微碳化焰可用于铸铁、高碳钢、高速钢等的焊接及硬质合金堆焊、钎焊等	轻微氧化焰只用在黄铜、锡青铜及镀锌铁皮等的气焊时。利用其轻微氧化性，可减少低沸点锌、锡的蒸发

模块2 低碳钢薄板平敷焊技能训练

操作前准备

(1) 焊件的准备

① 钢板 Q235A，尺寸 250mm × 100mm × 2mm。

② 将焊件表面的氧化皮、铁锈、油污、脏物用钢丝刷、砂布或砂纸进行清理，使焊件露出金属光泽。

(2) 焊接材料

焊丝牌号 H08A，直径 1.6 ~ 2mm。

(3) 焊接设备

① 设备和工具

乙炔气瓶、氧气瓶、射吸式焊炬。

知识链接

焊炬是气焊时用于控制气体混合比、流量及火焰强度并进行焊接的工具。常用的焊炬是射吸式的，主要适用于低压乙炔，也可用于中压乙炔。常用国产射吸式焊炬的型号用 H01—6 来表示，射吸式焊炬结构如图2-4所示，如图2-5所示是焊炬实物图。除焊炬外，气焊与气割所使用的设备和工具基本相同，其他设备将在单元3中做介绍。

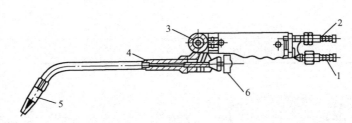

1—氧气接头　2—乙炔接头　3—乙炔调节阀　4—混合气管　5—焊嘴　6—氧气调节阀

图2-4　焊炬

图2-5　焊炬实物图

②辅助器具

通针、火柴或打火枪、小锤、钢丝钳、活络扳手等。

③劳动保护

气焊眼镜、工作服、手套、胶鞋。

 操作过程

(1) 开启气瓶

用活络扳手打开气瓶，注意乙炔瓶只开启 3/4 圈。调节气瓶压力，氧气压力一般为 0.2 ~0.4MPa，乙炔压力一般不超过 0.1MPa。

(2) 点火与灭火

① 采用正确的握炬和点火姿势

如图 2-6 所示是握炬和点火的姿势。

右手握焊炬（如图 2-6（a）），用大拇指和食指稍开氧气调节阀（如图 2-6（b）），左手开乙炔调节阀（如图 2-6（c）），点火（如图 2-6（d）），调节火焰（如图 2-6（e））。

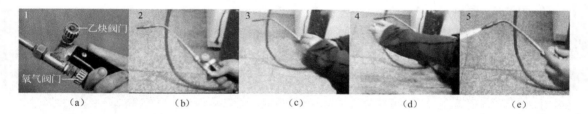

（a）　　　　　（b）　　　　　（c）　　　　　（d）　　　　　（e）

图 2-6　握炬和点火姿势

② 点火

使用射吸式焊炬时，顺应调整，用明火（打火机或火柴）点燃。点火后调节氧气和乙炔阀门，观察火焰特征，分别调出中性焰、氧化焰和碳化焰。

③ 灭火

灭火时，应先关闭乙炔调节阀，再关氧气调节阀。如果火焰比较小，还可以先加大点氧气流量，再关乙炔调节阀，最后关氧气调节阀，以避免鸣爆现象（俗称放炮）。

(3) 调节氧乙炔火焰

如图 2-7 所示是在进行火焰调节。

氧乙炔火焰的调节包括火焰性质的调节和火焰能率的调节。

① 火焰性质的调节

刚点燃的火焰通常为碳化焰，然后根据所焊材料的不同进行火焰调节。如要得到中性焰，就应逐渐增加氧气量，使火焰由长变短，颜色由淡红色变为蓝白

图 2-7　火焰调节

色，直至焰心及外焰的轮廓特别清晰、内焰与外焰间的明显界限消失为止。

在中性焰的基础上要得到碳化焰，就必须减少氧气量或增加乙炔量。这时火焰变长，焰心轮廓变得不清晰。焊接时所用的碳化焰，其内焰长度一般为焰心长度的2倍左右。

在中性焰的基础上要得到氧化焰，就应逐渐增加氧气量。这时整个火焰将变短，当听到有急速的"嘶嘶"声时便是氧化焰。

②火焰能率的调节

气焊火焰能率指每小时混合气体的消耗量（L/h）。

气焊中，根据焊件厚度及热物理性能等的不同，选择不同的焊炬型号及焊嘴号码，并通过调节阀门来调节氧乙炔混合气体的流量，以得到不同的火焰能率。

◇减小火焰能率的调节

当要减小中性焰或氧化焰的能率时，应先调节氧气阀门以减小氧气的流量，后调节乙炔阀门以减小乙炔流量。

◇增加火焰能率的调节

当要增加火焰能率时，应先调节乙炔阀门增加乙炔流量，后调节氧气阀门增加氧气流量。调节碳化焰能率的方法与上述顺序相反。

（4）焊接方法

①焊接时采用左焊法

左焊法是指焊接热源从接头右端向左端移动，并指向待焊部分的操作法。其优点是焊工能清楚地看到熔池，操作方便，容易掌握，可以获得尺寸均匀的焊缝，应用最普遍。其缺点是焊缝易氧化，冷却较快，因此适于焊接5mm以下的薄板和低熔点的金属。

②填充焊丝

填充焊丝的实际操作如图2-8所示。

使焊丝的端部位于火焰的前下方距焰心3mm左右的位置。焊道起头时，由于刚开始加热，焊件的温度低，焊炬倾斜角应大些。这样有利于对焊件进行预热，同时在起焊处应使火焰往复移动，保证焊接处加热均匀。

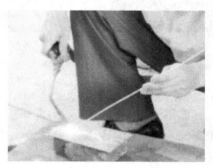

图2-8 焊丝填充

　　在熔池未形成前，操作者不但要密切注意观察熔池的形成，而且焊丝端部应置于火焰中进行预热，待焊件由红色熔化成白亮而清晰的熔池时，便可熔化焊丝，将焊丝端部熔入熔池，而后立即将焊丝抬起，火焰向前移动，形成新的熔池。

③焊炬和焊丝做均匀协调的摆动

为了获得优质、美观的焊缝并控制熔池的热量，焊炬和焊丝应做均匀协调的摆动。这样既能使焊缝边缘良好熔透，并控制液体金属的流动，使焊缝成形良好，同时又不至于使焊缝产生过热的现象。

知识链接

　　焊炬和焊丝的运动包括3个动作，即沿焊件接缝的纵向移动，以便不间断地熔化焊件和焊丝，形成焊缝；焊炬沿焊缝作横向摆动，充分地加热焊件，并借混合气体的冲击力，把液态金属搅拌均匀，使熔渣浮起，得到致密性好的焊缝；焊丝在垂直焊缝方向送进并做上下移动，以调节熔池热量和焊丝的填充量。

　　焊炬和焊丝在操作时的摆动方法和幅度，要根据焊件材料的性质、焊缝位置、接头形式及板厚等进行选择。焊炬与焊丝的摆动方法如图2-9所示。

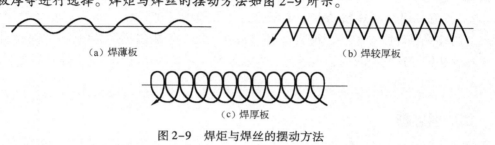

（a）焊薄板　　　　　（b）焊较厚板

（c）焊厚板

图2-9　焊炬与焊丝的摆动方法

④ 焊道接头

　　在焊接过程中，当中途停顿后继续施焊时，应用火焰把原熔池重新加热熔化形成新的熔池后再加焊丝，重新开始焊接，每次续焊应与前焊道重叠 5～10mm，重叠焊道应少加或不加焊丝，以保证焊缝高度合适及圆滑过渡。

⑤ 焊道收尾

　　当焊到焊件的终点时，由于端部散热条件差，应减少焊炬与焊件的夹角，同时要增加焊接速度并多加一些焊丝，以防止熔池扩大，形成烧穿。收尾时为了不使空气中的氧气和氮气侵入熔池，可用温度较低的外焰保护熔池，直至终点熔池填满，火焰才可缓慢地离开熔池。

教你一招

　　焊接过程中，焊炬倾斜角是不断变化的。在预热阶段，为了较快地加热焊件、迅速形成熔池，采用焊炬倾斜角为 50°～70°；在正常焊接阶段，采用焊炬倾斜角为 30°～50°；在收尾阶段，采用焊炬斜角通常为 20°～30°，如图2-10所示。

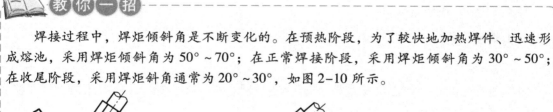
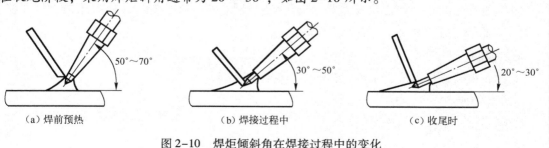

（a）焊前预热　　　　　（b）焊接过程中　　　　　（c）收尾时

图2-10　焊炬倾斜角在焊接过程中的变化

模块3 低碳钢薄板平对接焊技能训练

平对接焊的基本要求是：定位焊产生缺陷时，必须铲除或打磨修补，以保证质量；焊缝不要过高、过低、过宽、过窄；焊缝边缘与基体金属要圆滑过渡，无过深、过长的咬边；焊缝背面必须均匀焊透；焊缝不允许有粗大的焊瘤和凹坑。

在练习过程中应当注意以下几方面：在焊件上做平行多条焊道练习时，各条焊道间隔以20mm左右为宜；焊炬和焊丝的移动要配合好，焊道的宽度、高度和笔直度必须均匀、整齐；表面的波纹要规则、整齐，没有焊瘤、凹坑、气孔等缺陷；焊缝边缘和母材要圆滑过渡；用左焊法练习达到要求后，可进行右焊法练习，直至达到技术熟练、焊道笔直、成形美观为止。

 操作前准备

（1）焊件的准备

① Q235钢板两块，每块尺寸为250mm×100mm×2mm。

② 焊前应对焊件待焊处和焊丝上的氧化物、铁锈、油污和赃物等用钢丝刷、砂布或砂纸做彻底清理，使焊件露出金属光泽。

（2）焊件装配技术要求

① 装配平整。

② 预留反变形。

③ 单面焊双面成形。

（3）焊接材料

焊丝H08A，规格 $\phi 2.5mm$。

（4）焊接设备

① 设备和工具

氧气瓶、乙炔瓶（或乙炔发生器）、回火防止器、氧气减压器、乙炔减压器、氧气胶管（蓝色）、乙炔胶管（红色）、射吸式焊炬。

② 辅助器具

通针、火柴或打火枪、小锤、钢丝钳、活络扳手等。

③ 劳动保护

气焊眼镜、工作服、手套、胶鞋。

操作过程

（1）摆放焊件

将厚度和尺寸相同的两块钢板水平放置，摆放整齐，为了使背面焊透，需要留约0.5mm的间隙。

（2）定位焊

由于焊件厚度为2mm，属于薄板，因此定位焊是从中间向两端进行，定位焊焊缝长为5~7mm，间距控制在50~100mm之间，如图2-11所示。

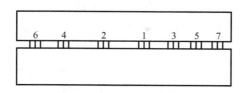

图2-11　薄焊件定位焊的顺序

教你一招

定位焊的作用是装配和固定焊件接头的位置。定位焊缝的长度和间距视焊件的厚度和焊缝长短而定。焊件越薄，定位焊缝的长度和间距应越小。一般情况下，薄板的定位焊是从中间向两端进行，定位焊焊缝长为5~7mm，间距为50~100mm，如图2-11所示；较厚板的定位焊是从两端开始向中间进行，定位焊焊缝长为20~30mm，间距为200~300mm。

定位焊点的横截面由焊件厚度来决定，随厚度的增加而增大。定位焊点不宜过长，更不宜过宽或过高，但要保证熔透，以避免正式焊缝出现高低不平、宽窄不一及熔合不良等缺陷。定位焊缝横截面形状的要求如图2-12所示。

（a）不合格　　　　　　　　　　　　　（b）合格

图2-12　对定位焊点的要求

（3）焊件的反变形

平板定位焊后，为了防止角变形，并使焊缝背面均匀焊透，可将焊件沿接缝向下折成一定角度进行预先反变形，如图2-13所示。反变形量可根据经验确定，如3°~5°，且反变形量应与焊接变形量相等，使之达到抵消焊接变形的目的。

图2-13　预先反变形法

　　反变形法是根据焊件的变形规律，焊前预先将焊件向着与焊接变形的相反方向进行人为变形。

(4) 焊接

　　① 采用中性火焰焊接，否则易出现熔池不清晰、有气泡、火花飞溅或熔池沸腾等现象，并对准接缝的中心线，使焊缝两边缘熔合均匀，背面均匀焊透。焰心尖端与工件表面的距离保持在 2～4mm。焊丝位于焰心前下方 2～4mm 处，若在熔池边缘上被黏住，这时不要用力拔焊丝，可用火焰加热焊丝与焊件接触处，焊丝即可自然脱离。焊丝、焊炬与工件的相对位置如图 2-14 所示。

　　② 从接缝一端预留的 30mm 处施焊。其目的是使焊缝处于板内，传热面积大，基体金属熔化时，周围温度已升高，冷凝时不易出现裂纹。施焊到终点，整个板材温度已升高，再焊预留的一段焊缝，接头应重叠 5mm 左右，如图 2-15 所示。

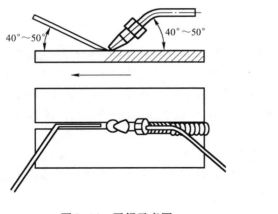

图 2-14　平焊示意图

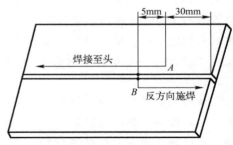

图 2-15　起焊点的确定

　　③ 采用左焊法时，焊接速度要随焊件熔化情况而变化。在焊接过程中，如果发现熔池不清晰、有气泡、火花飞溅或熔池沸腾现象时，说明火焰性质发生了变化，这时应及时将火焰调节为中性焰，然后进行焊接。

　　气焊开始时，一定要把工件加热到熔化，形成熔池后再添加焊丝；焊丝应插入熔池，随即提起，再插入，如此反复。这种操作方法的目的是调节熔池温度，使得焊缝熔化良好，并控制液体金属的流动，使焊缝成形美观。在焊件没有熔化形成熔池时，不能用火焰将焊丝熔化滴入，这样会产生未熔合。

 教你一招

始终保持熔池大小一致才能焊出均匀的焊缝，这可通过改变焊炬角度、高度和焊接速度控制熔池大小。如发现熔池过小，焊丝不能与焊件熔合，仅敷在焊件表面时，表明热量不足，这时应增加焊炬倾角，减慢焊接速度；如发现熔池过大，且没有流动金属时，表明焊件被烧穿。此时应迅速提起火焰或加快焊接速度，减小焊炬倾角，并多加焊丝。

如发现熔池金属被吹出或火焰发出"呼呼"声，说明气体流量过大，应立即调节火焰能率。如发现焊缝过高，与基体金属熔合不圆滑，说明火焰能率低，应增加火焰能率，减慢焊接速度。

④ 焊接中断后继续焊接时，应用火焰将熔池周围充分加热，待原熔池及附近焊缝金属中心熔化形成熔池时方可填充焊丝，并注意所焊焊缝与原焊缝金属应充分熔合。

⑤ 在焊接结束收尾时，将焊炬火焰缓慢提起，使焊缝熔池逐渐减小。为了防止收尾时产生气孔、裂纹或熔池没填满产生凹坑等缺陷，可在收尾时多加一点焊丝，以填满凹坑。

 知识链接

在整个焊接过程中，应使熔池的形状和大小保持一致，常见的几种熔池形状如图2-16所示。对接焊缝尺寸的要求见表2-3。

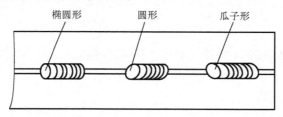

图2-16　几种熔池的形状

表2-3　对接接缝尺寸的一般要求

焊件厚度（mm）	焊缝高度（mm）	焊缝宽度（mm）	层数
0.8～1.2	0.5～1	4～6	1
2～3	1～2	6～8	1
4～5	1.5～2	6～8	1～2
6～7	2～2.5	8～10	2～3

模块4　钢管气焊技能训练

钢管气焊时的主要操作方法有钢管水平转动对接气焊、垂直固定对接气焊和水平固定对接气焊。钢管水平转动对接气焊可以将管子转到比较容易操作的位置进行焊接。垂直固定管

对接气焊的对接接头为横焊缝；水平固定管对接气焊的操作难度较大，它包括平焊、立焊和仰焊 3 种焊接位置，要求对这几种焊接位置的操作都要非常熟练。

操作前准备

（1）焊件的准备

🥄 20 钢管，$\phi 57\text{mm} \times 3.5\text{mm}$，$L = 160\text{mm}$，$60°\text{V}$ 形坡口，如图 2-17 所示。

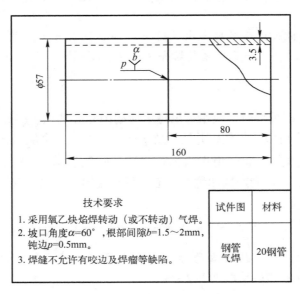

技术要求	试件图	材料
1. 采用氧乙炔焰焊转动（或不转动）气焊。 2. 坡口角度$\alpha=60°$，根部间隙$b=1.5\sim2\text{mm}$，钝边$p=0.5\text{mm}$。 3. 焊缝不允许有咬边及焊瘤等缺陷。	钢管气焊	20钢管

图 2-17 钢管气焊试件图

② 将焊件表面的氧化皮、铁锈、油污、脏物用钢丝刷、砂布或砂纸等方法进行清理，使焊件露出金属光泽。

（2）焊件装配技术要求

① 装配平整。

② 钝边 0.5mm，无毛刺，根部间隙为 1.5~2mm，错边量≤0.5mm。

③ 单面焊双面成形。

（3）焊接材料

焊丝牌号 H08，直径 $\phi 3.2\text{mm}$。

（4）焊接设备

① 设备和工具

乙炔气瓶、氧气瓶、射吸式焊炬。

② 辅助器具

通针、火柴或打火枪、小锤、钢丝钳等。

③ 劳动保护

气焊眼镜、工作服、手套、胶鞋。

操作过程

（1）定位焊

一般只需定位焊 2 处，且位置要均匀对称分布，焊接时的起焊点应在两个定位焊点中间，如图 2-18 所示。

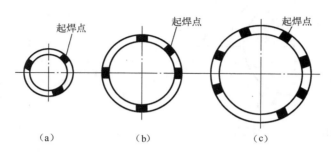

图 2-18 定位焊及起焊点

（2）水平转动管焊接

水平转动管焊接时由于管子可以自由转动，焊缝熔池始终可以控制在平焊位置施焊，但管壁较厚及开坡口的管子不应在水平位置焊接。这是因为管壁厚，填充金属多，加热时间长，若采用平焊，不易得到较大的熔深，不利于焊缝金属的堆高，同时焊缝表面成形也不美观。故通常采用爬坡位置，即半立焊位置施焊。

该试件的焊缝应焊两层：

第 1 层焊炬和管子表面的倾斜角度为 45°左右，火焰焰心末端距熔池 3～5mm。当看到坡口钝边熔化并形成熔池后，立即把焊丝送入熔池前沿，使之熔化填充熔池。焊炬做圆圈式移动，焊丝同时不断地向前移动，保证焊件的底部焊透。

第 2 层焊接时，焊炬要做适当的横向摆动。但火焰能率应略小些，使焊缝成形美观。

在整个焊接过程中，每一层焊道应一次焊完，并且各层的起焊点互相错开 20～30mm。每次焊接结束时，要填满熔池，火焰慢慢地离开熔池，防止产生气孔、夹渣等缺陷。

**教你一招**

① 若采用左向爬坡焊，应始终控制在与管道水平中心线平角为 50°～70°的范围内进行焊接，如图 2-19 所示。这样可以加大熔深，并易于控制熔池形状，使接头全部焊透。同时熔池金属有自然下流趋势，使焊缝堆高快，有利于控制焊缝的高度，更好地保证焊缝质量。

② 若采用右向爬坡焊，因火焰吹向熔化金属部分，为了防止熔化金属被火焰吹成焊瘤，熔池也应控制在与垂直中心线夹角为 10°～30°的范围内进行焊接，如图 2-20 所示。

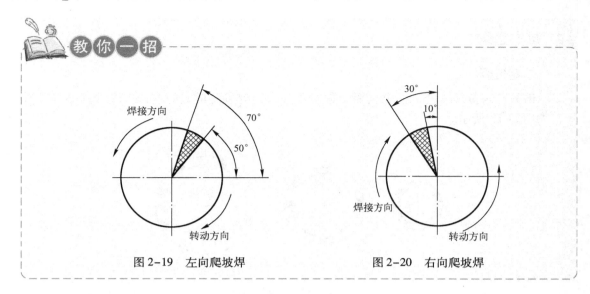

教你一招

图 2-19　左向爬坡焊　　　　　　　图 2-20　右向爬坡焊

（3）垂直固定管焊接

① 火焰性质及焊接参数

采用中性焰或轻微碳化焰，焊嘴中心线与管子轴线夹角约为 80°，焊丝角度与管子轴线的夹角约为 90°，如图 2-21 所示。

焊炬倾角与管子切线方向的夹角约为 60°，焊丝与焊炬之间的夹角约为 30°，如图 2-22 所示。

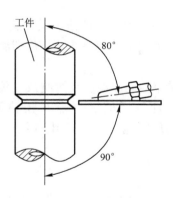

图 2-21　焊炬、焊丝与管子
　　　　　轴线的夹角

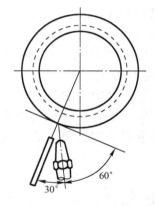

图 2-22　焊炬、焊丝与管子
　　　　　切线方向的夹角

② 焊接

起焊时，先将被焊处适当加热，然后将熔池烧穿，形成一个熔孔，如图 2-23 所示。

这个熔孔一直保持到焊接结束。形成熔孔的目的有两个：第一是使管壁熔透，以得到双面成形；第二是熔孔的大小等于或稍大于焊丝直径为宜。

熔孔形成后，开始填充焊丝。施焊中焊炬不做横向摆动，而只在熔池和熔孔做轻微的前后摆动，以控制熔池温度。若熔池温度过高，为使熔池冷却，此时火焰不必离开熔池，可将火焰的高温区（焰心）朝向熔孔。这时外焰仍然笼罩着熔池和近缝区，保护液态金属不被氧化。

在施焊过程中，运丝范围不要超过管子接口下部坡口的1/2处，如图2-23所示。

焊丝始终浸在熔池中，不停地以斜环形向上挑动金属熔液，如图2-24所示。要在长度a范围内上下运条，否则容易形成熔滴下垂现象。

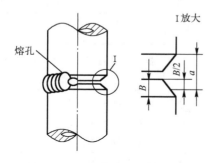

图2-23 熔孔形状和运条范围

图2-24 斜环形运条法

由于焊缝需要一次焊成，所以焊接速度不可太快，必须将焊缝填满，并有一定的余高。对开有坡口的管子若采用左焊法，须进行多层焊。若采用右焊法，对于壁厚在7mm以下垂直管子的横缝，可以做到单面焊双面成形并一次焊成，这样可以大大提高工作效率。

模块 5　气焊训练项目评分标准

1. 气焊平敷焊评分标准

气焊平敷焊的评分标准见表2-4。

表2-4　气焊平敷焊的评分标准

考核项目	考核内容	考核要求	配分	评分要求
安全文明生产	能正确执行安全技术操作规程	按达到规定的标准程度评定	5	根据现场纪律，视违反规定程度扣1~5分
	按有关文明生产的规定，做到工作地面整洁、工件和工具摆放整齐	按达到规定的标准程度评定	5	根据现场纪律，视违反规定程度扣1~5分
主要项目	焊缝的外形尺寸	焊缝余高1~2mm	15	超差0.5mm扣2分
		焊缝余高差0~1mm	15	超差0.5mm扣2分
	焊缝的外观质量	焊缝表面无气孔、夹渣、焊瘤	15	焊缝表面有气孔、夹渣、焊瘤中任意一项扣5分
		焊缝表面无咬边	15	咬边深度≤0.5mm，每长2mm扣1分 咬边深度>0.5mm，此项不得分
		背面焊缝无凹坑	15	凹坑深度≤2mm，每长5mm扣2分；凹坑深度>2mm，扣5分
		焊缝表面成形：波纹均匀、焊缝直度	15	视波纹不均匀、焊缝不直度扣1~15分

2. 气焊平对接焊评分标准

气焊平对接焊的评分标准见表2-5。

表2-5　气焊平对接焊的评分标准

考核项目	考核内容	考核要求	配分	评分要求
安全文明生产	能正确执行安全技术操作规程	按达到规定的标准程度评定	10	根据现场纪律，视违反规定程度扣1~10分
	按有关文明生产的规定，做到工作地面整洁、工件和工具摆放整齐	按达到规定的标准程度评定	10	根据现场纪律，视违反规定程度扣1~10分
主要项目	焊缝的外形尺寸	正面焊缝余高1~2mm	10	超差0.5mm扣2分
		背面焊缝余高1~2mm	10	超差0.5mm扣2分
		正面焊缝余高差0~1mm	10	超差0.5mm扣2分
		焊缝每侧增宽0.5~2mm	10	超差0.5mm扣2分
		焊后角变形0°~3°mm	10	超差1°扣2分
	焊缝的外观质量	焊缝表面无气孔、夹渣、焊瘤、未焊透	10	焊缝表面有气孔、夹渣、焊瘤和未焊透中任意一项扣10分
		焊缝表面无咬边	10	咬边深度≤0.5mm，每长2mm扣1分 咬边深度>0.5mm，每长2mm扣2分
		背面焊缝无凹坑	10	凹坑深度≤2mm，每长5mm扣2分；凹坑深度>2mm，扣5分

3. 气焊管对接焊评分标准

气焊管对接焊的评分标准见表2-6。

表2-6　气焊管对接焊的评分标准

考核项目	考核内容	考核要求	配分	评分要求
安全文明生产	能正确执行安全技术操作规程	按达到规定的标准程度评定	10	根据现场纪律，视违反规定程度扣1~10分
	按有关文明生产的规定，做到工作地面整洁、工件和工具摆放整齐	按达到规定的标准程度评定	10	根据现场纪律，视违反规定程度扣1~10分
主要项目	焊缝的外形尺寸	焊缝高度0~2mm	10	超差0.5mm扣2分
		正面焊缝余高差0~1mm	10	超差0.5mm扣2分
		焊缝每侧增宽0.5~2.5mm	10	超差0.5mm扣2分
		焊缝宽度差0~1mm	10	超差0.5mm扣2分
		焊接接头脱节<2mm	10	超差0.5mm扣2分
	焊缝的外观质量	焊缝表面无气孔、夹渣、焊瘤	10	焊缝表面有气孔、夹渣、焊瘤中任意一项扣10分
		焊缝表面无咬边	10	咬边深度≤0.5mm，每长2mm扣1分 咬边深度>0.5mm，每长2mm扣2分
		通球直径为49mm	10	通球检验不合格此项全扣

复习与思考

一、判断题

1. （　　） 气焊火焰能率的大小取决于焊炬型号和焊炬号码的大小。

2. （　　） 乙炔可以溶于丙酮。

3. （　　） H01—6 是射吸式气焊焊炬型号。

4. （　　） 操作中的氧气瓶距离乙炔瓶、明火或热源应大于 10m。

5. （　　） 按 GB/T2550—1992，氧气胶管为红色。

二、单项选择题

1. 气焊时，火焰焰心尖端距离熔池表面一般是多少？（　　　）

    A. 2～4mm   B. 1～2mm   C. 6～7mm   D. 8～10mm

2. 气焊时，氧气的工作压力一般是多少？（　　　）

    A. 0.05～0.08MPa   B. 1～2MPa   C. 2～4MPa   D. 0.2～0.4MPa

3. GJ101（气剂101）是哪种气焊溶剂？（　　　）

    A. 不锈钢及耐热钢   B. 铸铁   C. 铜   D. 铝

4. 氧气瓶的工作压力是多少？（　　　）

    A. 10MPa   B. 15MPa   C. 100MPa   D. 150MPa

5. 气焊黄铜时应采用哪种火焰？（　　　）

    A. 中性焰   B. 碳化焰   C. 轻微氧化焰   D. 轻微碳化焰

三、问答题

1. 气焊的原理是什么？

2. 氧气的性质是什么？乙炔的性质是什么？

3. 氧乙炔火焰分为哪 3 种？适用什么材料？

4. 焊炬的摆动有几个方向？其作用是什么？

5. 低碳钢薄板对接气焊的操作要领有哪些？

单元3 气 割

氧气切割是焊接结构制造中应用最广泛的下料方法之一。

气割在切割低碳钢和低合金钢零件中获得广泛的应用，它的特点如下：

① 设备简单。

② 方法灵活。

③ 基本不受切割厚度与零件形状限制。

④ 容易实现机械化、自动化。

学习重点 气割的操作技术和工艺要求。

学习难点 气割所使用的设备的安全操作。

模块 1 气割操作前的知识准备

1. 气割安全操作规程

① 氧气瓶、乙炔瓶的阀、表均应齐全有效，紧固牢靠，不得松动、破损和漏气。氧气瓶及其附件、胶管和开闭阀门的扳手上均不得沾染油污。

② 氧气瓶与乙炔瓶储存和使用时的距离不得少于 10m，氧气瓶、乙炔瓶与明火或割炬（焊炬）间距离不得小于 10m。

③ 工作中如发现氧气瓶阀门失灵或损坏，不能关闭时，应让瓶内的氧气自动跑尽后再行拆卸修理。

④ 氧气胶管为蓝色，外径 18 毫米，应能承受 2MPa 气压；乙炔胶管为红色，外径 16 毫米，应能承受 0.5MPa 气压。

⑤ 不得将胶管放在高温管道和电线上，不得将重物或热的物件压在胶管上，更不得将胶管与电焊用的导线敷设在一起。

⑥ 不得将胶管放在背上操作。割炬内若带有乙炔、氧气时不得放在金属管、槽、缸、箱内。

⑦ 工作完毕后，应关闭氧气瓶、乙炔瓶；拆下氧气表、乙炔表放在工具箱内；拧上气瓶安全帽；将胶管盘起、捆好挂在室内干燥的地方。

⑧ 对有压力或易燃易爆物品气割前必须经技术人员采取有效安全措施后，方可进行，否则严禁擅自进行气割作业。

2. 气割的操作步骤

如图 3-1 所示是氧气切割过程示意图。

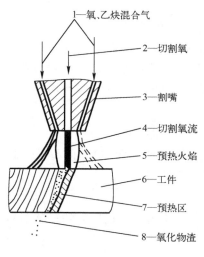

1—氧、乙炔混合气
2—切割氧
3—割嘴
4—切割氧流
5—预热火焰
6—工件
7—预热区
8—氧化物渣

图 3-1　气割过程示意图

氧气切割过程由 4 个步骤组成。

① 预热

氧、乙炔混合气火焰从割嘴外圈喷出，将切割部位的金属表层预热至燃点以上。

② 氧化

切割用氧气从割嘴中心喷出，已达到燃点的金属急剧氧化燃烧，并形成氧化物渣。

③ 吹渣

液态的氧化物渣被高速切割氧气气流吹走，将未被氧化的金属暴露在氧气流中。

④ 前进

暴露在氧气气流中的金属，在上面的金属被氧化时放出的热量的作用下温度升高到燃点，继续被氧气气流氧化燃烧成渣并被吹走，最后金属在整个厚度方向被氧化割穿。随着氧气气流按切割方向前进，则新接触的金属将重复预热、氧化、吹渣的过程，最后形成切口。

3. 气割的条件

气割是金属的燃烧过程，因此并不是所有的金属都能进行气割，在气割操作前应先查看金属材料是否符合气割条件。

气割是金属的燃烧过程，只有符合下述条件的金属材料才能进行气割。

① 金属材料的燃点应低于其熔点

如果金属材料的燃点高于熔点，那么金属燃烧前已经熔化，熔化的液态金属流动性大，造成切口难以形成的问题，甚至无法进行切割过程。低碳钢的燃点约为1150℃，熔点为1500℃，因此低碳钢容易实现气割。随着钢中碳的质量分数增加，钢的熔点降低而燃点升高，当碳钢中碳的质量分数为0.7%时，其燃点和熔点均约为1300℃；而当碳的质量分数大于0.7%时，其燃点高于熔点，因此对高碳钢不能进行气割。铸铁、铝和铜及其合金的燃点比熔点高，也不能进行气割。

② 金属氧化物熔点要低于金属的熔点

金属氧化物熔点要低于金属的熔点，从而使金属氧化物被燃烧热熔化后，再被气流吹除，顺利实现切割过程，且被切割金属不熔化，割口窄小、整齐。高碳钢、高铬或高镍不锈钢、铸铁、铝和铜及其合金的氧化物的熔点均高于其材料本身的熔点，因此不能进行气割。

③ 金属在氧气中燃烧释放的热量要大

气割时预热的热量主要依靠燃烧热（70%），而不是火焰的热量（30%），因此燃烧热大才能迅速将金属预热到燃点，实现切割。

④ 金属导热性不能太好

导热性好，则燃烧热传导、散失得快，切口处的温度不易达到金属的燃点。铝和铜材料导热快，因此不能进行气割。

⑤ 阻碍气割的元素和杂质少

例如，由于碳燃烧生成 CO 和 CO_2，消耗氧气，降低切割用氧气的纯度，因此碳的质量分数应低，故铸铁不能进行气割。

模块 2　低碳钢中厚板气割技能训练

训练目的

熟悉低碳钢直线切割操作技术，要求能对低碳钢进行直线切割并使金属分离。

操作前准备

（1）准备割件

① 练习工件为12mm厚 Q235 低碳钢板1块，尺寸为450mm×250mm。

② 将焊件表面的氧化皮、铁锈、油污、脏物用钢丝刷、砂布或砂纸等进行清理，使焊件露出金属光泽。

③ 认真检查工作场地是否符合安全生产的要求，检查乙炔瓶（或乙炔发生器）和回火保险器的工作状态是否正常。

④ 在工件上画好直线。将割件垫高200mm左右（距地面），在工件与水泥地面间放入薄钢板（气割不能在水泥地面上进行，以防水泥爆溅伤人）。为了防止氧化铁的飞溅而烧伤操作者，必要时可以加挡板。

⑤ 根据割件的厚度正确选择割炬和割嘴号码，12mm钢板属于中等厚度钢板，手工气割参数见表3-1。

表3-1　手工气割参数

割件厚度（mm）	割炬型号	割嘴型号	乙炔消耗量（L/h）
12	G01—30	3	310

⑥ 点火后调整好火焰的性质（中性焰）及长度，然后试开切割氧调节阀，观察切割氧流（风线）的形状，如图3-2所示。风线应为挺直而清晰的圆柱体，并要有适当的长度，这样才能使切口表面光滑、干净、宽窄一致。如果风线形状不规则，应关闭所有的阀门，用通针修整割嘴的内表面，使之光滑。

（2）查看气割设备

气割设备和工具包括氧气瓶、乙炔瓶（或乙炔发生器）、回火防止器、氧气减压器、乙炔减压器、氧气胶管（蓝色）、乙炔胶管（红色）、割炬等。

① 氧气瓶

氧气瓶属于压缩气瓶，主要由瓶体、瓶阀、瓶帽和防振圈等组成。氧气瓶的工作压力为15MPa，容积一般为40L，重量约55kg，瓶体为天蓝色，并标有黑色"氧"字样，如图3-3所示。

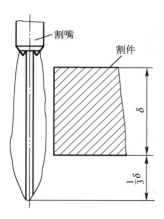

图3-2　切割氧流的形状和长度

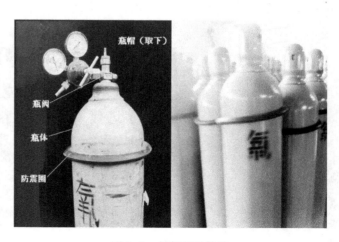

图3-3　氧气瓶及构造

氧气瓶安全使用要求

① 氧气瓶应戴好安全防护帽，竖直安放在固定的支架上，要采取防止日光曝晒的措施。

② 氧气瓶里的氧气不能全部用完，必须留有 0.1～0.2MPa 的剩余压力，以使瓶内保持正压，严防乙炔倒灌引起爆炸。尚有剩余压力的氧气瓶，应将阀门拧紧，标注上空瓶标记。

③ 氧气瓶附件有缺损、阀门螺杆滑丝时，应停止使用。

④ 禁止用沾染油类的手和工具操作气瓶，以防引起爆炸。

⑤ 氧气瓶不能强烈碰撞。禁止采用抛、摔及其他容易引起撞击的方法进行装卸或搬运，严禁用电磁起重机吊运。运输时应使用带有胶轮的小车。

⑥ 在开启瓶阀和减压器时，人要站在侧面；开启的速度要缓慢，防止有机材料零件温度过高或气流过快产生静电火花而造成燃烧。

⑦ 冬天气瓶的减压器和管系发生冻结时，严禁用火烘烤或使用铁器一类的东西猛击气瓶，更不能猛拧减压表的调节螺钉，以防止氧气突然大量冲出，造成事故。

⑧ 氧气瓶不得靠近热源，与明火的距离一般不得小于 5m。

⑨ 禁止使用没有减压器的氧气瓶。气瓶的减压器应有专业人员修理。

② 乙炔瓶

乙炔瓶主要由瓶体、瓶阀、瓶帽和多孔性填料等组成，瓶体外有防振圈。乙炔瓶内装满了浸满丙酮的多孔性填料（如硅酸钙、活性炭等），丙酮溶解了大量的乙炔，因此乙炔瓶又称为溶解乙炔瓶。乙炔瓶的工作压力为 1.47MPa，容积一般为 40L，每瓶溶解乙炔 6～7kg，瓶重约 60kg，瓶体白色，并漆有红色"乙炔"和"不可近火"字样，如图 3-4 所示。

图 3-4　乙炔瓶及构造

乙炔瓶安全使用要求

① 乙炔瓶使用前必须按照《气瓶安全监察规程》和《溶解乙炔气瓶安全监察规程》的规定严格进行技术检验。合格气瓶应有明显标志。

② 乙炔瓶使用时，必须配备合格的乙炔专用减压器和回火防止器。

③ 乙炔瓶在储存、使用中应保持直立，不能横躺卧放，以防丙酮流出引起燃烧爆炸。开阀门时，操作者应站在阀门的侧后方，动作应缓慢，严禁开至超过一圈半，一般开启在 3/4 圈以内，使用压力不超过 0.15MPa。

④ 乙炔气瓶周围严禁烟火，与明火距离不得小于 10m；夏季应严防曝晒，不得靠近热源和电气设备；瓶体温度不得超过 40℃。

⑤ 乙炔瓶在搬运时应避免受到强烈的冲击、碰撞、摩擦。应轻装、轻卸，严禁抛、滑、滚、碰。

⑥ 严禁乙炔气瓶与氯气瓶、氧气瓶及易燃、易爆物品同车运输，同间储存。

⑦ 乙炔瓶储存间应有良好的通风降温设施，避免阳光直射。与明火或散发火花地点的距离不得小于 10m，且不得设在地下室或半地下室。在其附近应设有消火栓，配备干粉和二氧化碳灭火器。

⑧ 使用中的乙炔瓶内气体不得用尽，剩余压力应符合安全要求：当环境温度 < 0℃ 时，压力应不低于 0.05MPa；当环境温度为 25 ~ 40℃ 时，应不低于 0.3MPa。

⑨ 防止乙炔气瓶接触有害杂质，禁止与铜、银、汞及其制品接触。

③ 割炬

割炬是气割时用于安装或更换割嘴，调节预热火焰、气体流量和控制切割氧流量并进行气割的工具。常用的割炬也是射吸式的，国产射吸式割炬的型号表示方法如：G01—30。射吸式割炬结构如图 3-5 所示。

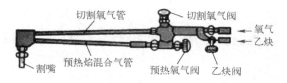

图 3-5　射吸式割炬

④ 减压器

减压器是将高压气体转换为低压气体的调节装置，减压器可起到调压和稳压的作用，此外，还可以防止氧气逆向流入可燃气瓶引起爆炸。

气焊气割用减压器有氧气减压器、乙炔减压器。氧气减压器如图 3-6 所示，乙炔减压器如图 3-7 所示。

图 3-6　氧气减压器

图 3-7　乙炔减压器

减压器的安全使用要求

① 减压器只能用于设计规定的气体和压力。氧气、乙炔等必须选用各自的专用减压器，禁止换用或替用。各种减压器在使用前必须经过检验合格，未经检验或减压不合格的减压器，禁止在焊接或切割设备上使用。

② 同时使用两种气体进行焊接时，不同气瓶减压器的出口端应安装各自的单向阀，以防气体相互倒灌。

③ 安装减压器之前应略打开气瓶瓶阀，吹除瓶嘴上的尘土和污物，防止进入减压器活门座，影响活门严密性，引起低压自行升高，甚至在打开瓶阀时损坏低压表。

④ 减压器应在各自的气瓶上安装合理、牢靠。采用螺纹连接的（如氧气减压器），应拧足 5 扣以上；采用专门卡具夹紧的（如乙炔减压器），应装卡平整、牢靠。减压器与气瓶及软管连接必须良好，无任何泄露。

⑤ 打开气瓶瓶阀前，应检查调压螺钉是否已经松开。打开后，检查减压器连接部位是否漏气，压力表显示是否正常。如发现螺扣连接漏气，应先关闭瓶阀，再检查螺扣连接处，排除漏气。禁止在气瓶瓶阀打开时，带压拧紧螺扣。

⑥ 减压器接通气源后，如发现表盘指针迟滞不动或有误差，必须由当地劳动、计量部门考核认可的专业人员修理，禁止焊工自行调整。

⑦ 禁止用棉、麻绳或一般橡胶等易燃材料作为氧气减压器的密封垫圈。氧气减压器禁止沾油。

⑧ 从气瓶上拆卸减压器之前，必须将气瓶阀关闭，并将减压器内的剩余气体释放干净。

⑨ 不准在高压气瓶或集中供气的汇流导管的减压器上挂放任何物品，如焊炬、电焊钳、胶管、焊接电缆等。

⑤ 回火防止器

回火防止器用于防止气焊气割时发生回火现象，其结构如图 3-8 所示。

正常情况下，喷嘴里混和气的流出速度与其燃烧速度相等，气体火焰在喷嘴口稳定燃烧。如果混和气的流出速度比燃烧速度快，则火焰离开喷嘴一段距离再燃烧；如果混和气的流出速度比燃烧速度慢，则火焰就进入喷嘴逆向燃烧。这是发生回火的根本原因。造成混和气的流出速度比燃烧速度慢的主要原因是：割嘴堵塞，混和气流出不畅；割嘴、割炬过热；割嘴离工件太近，流出气体被工件阻挡反射等。回火防止器的实际应用如图3-9所示。

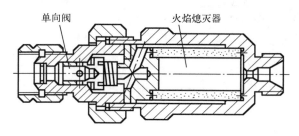

图3-8　回火防止器

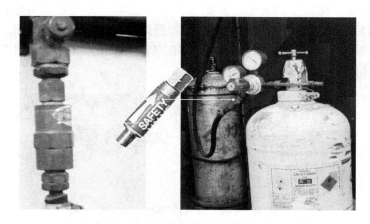

图3-9　回火防止器的实际应用

（3）准备气割工具

通针、火柴或打火枪、活络扳手、小锤、钢丝钳等。

（4）做好劳动保护

气割眼镜、工作服、手套、胶鞋。

 操作过程

（1）采用正确的操作姿势

正确的操作姿势如图3-10所示。蹲在工件的一侧，双脚成外八字，右臂靠住右膝盖，左臂放在两腿之间，便于切割时移动，如图3-10（a）所示。右手握住割炬手把，并以右手的大拇指和食指握住预热氧调节阀，以便于调整预热火焰，并且一旦发生回火还可及时切断预热用氧气。左手大拇指和食指握住切割氧调节阀，便于对切割氧的调节，其余3个手指托住射吸管，以掌握方向并使割炬与工件保持垂直，如图3-10（b）所示。

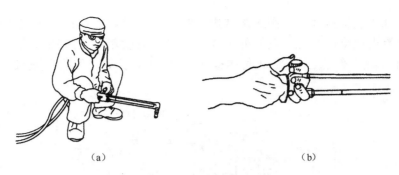

（a） （b）

图 3-10　气割操作姿势

（2）操作要领

切割过程中应注意以下几点。

① 点燃割炬后，调整预热火焰。开始气割时，先将割件划线处边缘预热到燃烧温度（工件发红），然后缓慢开启切割氧调节阀。当看到熔化的金属被氧气气流吹动时，加大切割氧气流量；当听到工件下面发出"啪、啪"的声音时，说明工件已被割穿，这时可以移动割炬进行正常切割，如图 3-11 所示。

图 3-11　气割实际操作

② 气割时应始终保持火焰焰心距工件表面 2～4mm，注意上身不要弯得太低，呼吸要平稳，两眼注视切割线和割嘴，并着重注视切口前面的切割线，沿切割线从右向左进行切割。

③ 割炬运行速度要均匀，割炬与割件表面的距离要保持不变。切割较长的工件时，每割 300～500mm 时需移动操作位置。这时应先关闭切割氧调节阀，将割炬火焰离开割件，移动身体位置后再将割嘴对准切割处并适当预热，然后缓慢打开切割氧继续向前切割。

④ 气割过程中，若发生回火（割嘴过热或氧化物熔渣飞溅堵住割嘴）时，应迅速关闭乙炔调节阀和氧气调节阀，使回火熄灭。剔除黏在割嘴上的熔渣，用通针通切割氧气喷射孔及预热火焰的氧气和乙炔的出气孔，并将割嘴放在水中冷却，使其恢复正常后再继续使用。

⑤ 气割接近终点时，割炬应沿气割方向后倾一定角度使割缝下部的钢板先烧穿，同时

要注意余料的下落位置，然后将钢板全部割穿。这样割缝的表面较平整。

⑥气割结束后，应先关闭切割氧气调节阀，再关闭乙炔调节阀和预热氧气调节阀。如果停止工作时间较长，应关闭氧气瓶阀和乙炔瓶阀，再旋松氧气和乙炔减压器。

⑦气割质量在很大程度上与切割速度有关。从熔渣的流动方向可以判断切割速度是否合适。若熔渣的流动方向基本上与割件表面垂直，此时切割速度正常，可继续切割，如图3-12（a）所示；若切割速度过快，熔渣与割件表面成一定角度流出，会产生较大的后拖量，如图3-12（b）所示。

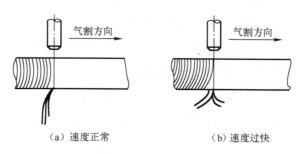

（a）速度正常　　　　　　　　　　（b）速度过快

图3-12　熔渣流动方向与切割速度的关系

 ## 模块3　机械气割技能训练

CG1—30型气割机的使用训练

机械气割设备可分为移动式半自动气割机和固定式自动气割机两大类，本书只介绍CG1—30型移动式小车半自动气割机的使用。

CG1—30型气割机能气割板厚为5～60mm的割件和直径为200～2000mm的圆周割件。切割速度为50～750mm/min（无级调速）。CGl—30型气割机具有结构简单、质量轻、可移动、操作方便、维护简单等优点，因此获得广泛应用，其外形如图3-13所示。

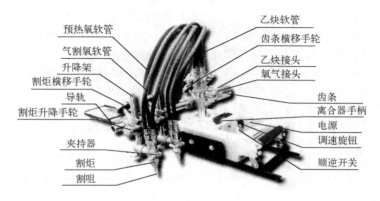

图3-13　气割机结构与外形

（1）气割机的使用要求

① 将电源（220V交流电）插头插入控制板上的插座内。电源接通后，指示灯亮。

② 将氧气、乙炔胶管接到气体分配器上，并调节好氧气和乙炔的使用压力后再进行供气。

③ 直线气割时，将导轨放在气割钢板上，然后将气割机轻放在导轨上，使有割炬的一侧向着气割工，并校正导轨，调节好割炬与切口间的距离。气割圆形工件时，应装上半径架，调好气割半径，抬高定位针，并使靠近定位针的滚轮悬空。

④ 根据割件厚度选用割嘴，并将其固定在割炬架上。

⑤ 当采用双割炬气割时，应将氧气胶管和乙炔胶管与两组调节阀接通。

⑥ 将火点燃后，应检查切割氧流的挺直度。

（2）气割机的操作方法

① 将离合器手柄推上后，开启压力开关，使切割氧与压力开关的气路相通，同时将起割开关扳在停止位置。

② 把倒顺开关扳到使小车向切割方向前进的位置。

③ 根据割件厚度，调节速度调节器的旋钮，使之达到所需的切割速度。

④ 先后开启预热氧调节阀和乙炔调节阀，将火点燃，并调整好预热火焰。

⑤ 将起割点预热到呈亮红色时，开启切割氧调节阀，将割件割穿。同时由于压力开关的作用，使电动机的电源接通，气割机开始行走，气割工作开始。气割时，若不使用压力开关阀，也可直接用起割开关来接通或切断电源，如图3-14所示是切割机在工作中。

图3-14 切割钢板

⑥ 气割过程中，应随时调节预热火焰，使其成为中性焰，并旋转升降架上的调节手轮，以调节割嘴到割件间的距离，并根据割口及气割排渣的情况，及时调整切割速度。

⑦气割结束后，应先关闭切割氧调节阀，此时，压力开关失去作用，使电动机的电源切断，接着关闭压力开关，关闭乙炔及预热氧调节阀，将火焰熄灭。此时应注意，不能先关闭压力开关，否则由于高压氧气被封闭在管路内，使压力开关不能关闭，这样电动机的电源就不能被切断。整个工作结束后，应切断控制板上的电源，停止氧气及乙炔的供应。

科技动态

目前，在许多企业拥有较为先进的气割设备，如图3-15所示是一台等离子切割机，该机装有两个机头可同时进行切割作业。如图3-16所示是一台激光切割机，激光切割机的主要特点是精度高、速度快、不易变形、切缝平整、性价比极高、使用成本很低、性能稳定。

图3-15　等离子切割机　　　　　　图3-16　激光切割机

单面坡口的气割训练

利用机械气割机，同时使用2把或3把割炬，改变割炬的倾斜度，即可气割出多种形式的焊接坡口。

（1）无钝边单面V形坡口的气割

①气割无钝边单面坡口时，只需用一把割炬，按坡口角度调整好割炬和割件的倾斜角度，如图3-17所示。

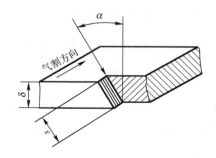

图3-17　单面无钝边V形坡口的气割

②气割参数可根据割件的厚度按表3-2选取。

表3-2 气割钢板厚度与切割速度及切割氧压力的关系

钢板厚度（mm）	切割速度（mm/min）	切割氧压力（MPa）
5	400~800	0.3
10	340~450	0.35
15	300~375	0.375
20	260~350	0.4
25	240~270	0.425
30	215~250	0.45
60	160~200	0.5

（2）带钝边的 V 形坡口的气割

钝边在下的单面 V 形坡口的气割

①气割钝边在下的 V 形坡口时，可用两把割炬，其中一把割炬垂直于割件表面，另一把割炬根据坡口角度，将其调整到与割件表面成一定角度，它们的相对位置如图 3-18 所示，即垂直割炬在前，倾斜割炬在后，两者相距 l。

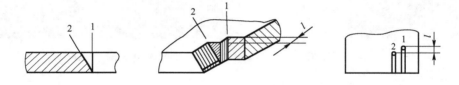

1—垂直割炬 2—倾斜割炬

图 3-18 钝边在下的单面 V 形坡口的气割

②先将垂直割炬移到起割点，并点火预热起割点，待割件表面呈亮红色时，开启切割氧调节阀，将割件割穿，然后启动气割小车进行切割。当倾斜割炬移到起割点时，应立即关闭垂直割炬的切割氧调节阀，但预热火焰不能熄灭，并停止小车前移。接着点燃倾斜割炬的预热火焰，预热割件，待割件表面呈亮红色时，将两把割炬的切割氧调节阀同时打开，并起动小车进行切割。

③两把割炬之间的距离 l 取决于割件的厚度，其数值可按表3-3选择。

表3-3 两割炬间距与割件厚度的关系

割件厚度（mm）		5~20	20~40	40~60
l （mm）	钝边在下	35~30	30~25	25~15
	钝边在上	20~15	15~10	10~7

钝边在上的单面坡口的气割

这种气割与气割钝边在下的单面 V 形坡口一样，也选择两把割炬。一把割炬垂直于割件表面，另一把割炬倾斜于割件表面。两把割炬的相对位置如图3-19所示，两割炬间的距离可按表3-3选择。在气割过程中，当倾斜割炬起割时，不需停机可直接开启切割氧调节阀进行切割。

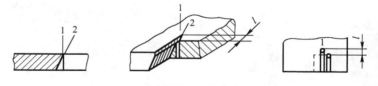

1—垂直割炬　2—倾斜割炬

图3-19　钝边在上的单面V形坡口的气割

双面坡口的气割训练

气割50mm厚以下钢板的双面坡口可按下列步骤进行。

① 采用3把割炬进行一次气割，即垂直割炬1在前，切割垂直面；倾斜割炬2与垂直割炬1相距 a，用于切割下倾斜面；倾斜割炬3与垂直割炬1相距 b，用于切割上倾斜面。双V形坡口的气割如图3-20所示。

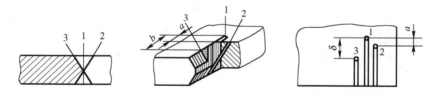

1—垂直割炬　2—倾斜割炬　3—倾斜割炬

图3-20　50mm以下钢板双V形坡口的气割

② 割嘴间距 a，b 值按表3-4选择。

表3-4　割嘴间距选择表

割件厚度（mm）		20	30	40	60	80	100
割嘴间距（mm）	a	10～12	8～10	0～2	0	0	0
	b	25	22	20	18	16	16

③ 气割过程中，割炬1和割炬2的的距离 a 应尽可能小些，只要两者的切割氧不互相干扰就可以。如果距离过大，当割炬2起割时，由于垂直切口处的冷却，会给切割带来困难。

④ 当割炬3到达起割位置时，因割件温度已很高，故不需要将气割机停止，便可顺利地切割，它与割炬1的距离 b 可适当大一些。

如图 3-21 所示是使用机器人进行火焰切割焊接件的坡口。

图 3-21　机器人火焰切割坡口

模块 4　气割训练项目评分标准

气割操作的评分标准见表 3-5。

表 3-5　气割操作的评分标准

考核项目	考核内容	考核要求	配分	评分要求
安全文明生产	能正确执行安全技术操作规程	按达到规定的标准程度评定	5	根据现场纪律,视违反规定程度扣 1～5 分
	按有关文明生产的规定,做到工作地面整洁、工件和工具摆放整齐	按达到规定的标准程度评定	5	根据现场纪律,视违反规定程度扣 1～5 分
主要项目	割缝的断面	上边缘塌边宽度 ≤1mm	15	上边缘塌边宽度每超差 1mm 扣 2 分,塌边宽度 >2mm 扣 10 分
		表面无刻槽	15	视情况扣 1～10 分
	割缝外部形状	割面垂直度≤2mm	15	割面垂直度 >2mm 扣 10 分
		割面平面度≤1mm	15	割面平面度 >1mm 扣 10 分
		割缝不能太宽	10	视情况扣 1～10 分
		无变形	10	视情况扣 1～10 分
		无裂纹	10	视情况扣 1～10 分

复习与思考

一、判断题

1. (　　) H01—02 是射吸式割炬型号。

2. (　　) 氧气胶管可以用于乙炔,乙炔胶管不得用于氧气。

3. (　　) 乙炔瓶内气体严禁用尽,必须留有不低于 0.1～0.2MPa 的剩余压力。

4.（　　）氧气瓶必须与油脂及其他可燃物或爆炸物相隔离。

5.（　　）严禁用温度超过40℃的热源对气瓶加热。

二、单项选择题

1. 下列金属材料中，哪种不能采用氧气切割？（　　）

　　A. 低碳钢　　　　B. 中碳钢　　　　C. 不锈钢　　　　D. 低合金钢

2. 乙炔瓶的工作压力是多少？（　　）

　　A. 0.147MPa　　B. 1.47MPa　　C. 5MPa　　　　D. 15MPa

3. 割炬型号G01—30中，"1"表示什么？（　　）

　　A. 手工　　　　B. 射吸式　　　C. 等压式　　　D. 序号

4. 气割碳素结构钢时，一般采用哪种火焰？（　　）

　　A. 氧化焰　　　B. 碳化焰　　　C. 轻微碳化焰　D. 中性焰

5. 乙炔溶解在液体里会使爆炸危险性怎么样？（　　）

　　A. 降低　　　　B. 增大　　　　C. 不变　　　　D. 无规律变化

三、问答题

1. 气割的基本原理是什么？

2. 是否所有金属都适合气割？金属气割的条件是什么？

3. 减压器分哪几种？是否可以相互替换使用？

4. 什么叫回火？造成回火的主要原因有哪些？应如何防止回火？

5. 氧气瓶为何会发生爆炸？

6. 氧气胶管、乙炔胶管和液化石油气胶管各有什么要求？能否相互替代使用？

单元4 焊条电弧焊基础训练

　　焊条电弧焊是熔焊中最基本的一种焊接方法，焊条电弧焊设备简单，操作方便、灵活，适用于各种位置下的焊接。目前，焊条电弧焊在焊接生产中仍然占据重要的地位。

学习重点 焊接电源的安全使用及焊接参数的选择与应用。
学习难点 焊缝的起头、收尾和连接技术。

模块 1 焊条电弧焊训练前的知识准备

1. 焊条电弧焊安全操作规程

　①　工作前应检查焊机电源线、引出线及各接线点是否良好。焊机外壳必须良好接地，焊钳绝缘必须良好。

　②　雨天不准露天电焊，在潮湿地带工作时，应站在铺有绝缘物品的地方并穿好绝缘鞋。

　③　移动电焊机从电力网上接线或拆线，以及接地等操作均应由电工进行。

　④　工作时先接通电源开关，然后开启电焊机；停止时，先要关闭电焊机，才能拉断电源开关。

　⑤　移动电焊机位置，须先停机断电；焊接中突然停电，应立即关闭电焊机。

　⑥　在人多的地方焊接时，应安设遮栏挡住弧光。无遮挡时应提醒周围人员不要直视弧光。

　⑦　换焊条时身体不要靠在铁板或其他导电物件上。敲渣时应戴上防护眼镜。

　⑧　焊接有色金属件时，应加强通风排毒，必要时使用过滤式防毒面具。

　⑨　工作完毕时应先关闭电焊机，再切断电源。

2. 焊条电弧焊的焊接过程

焊条电弧焊的焊接过程如图4-1所示。焊条电弧焊是利用电弧作热源手工操纵焊条的焊接方法。焊接前，将焊钳和焊件分别接到弧焊电源的输出端的两极，用焊钳夹持焊条。先使焊条与焊件接触，随即微提焊条，在焊条与焊件间产生电弧，电弧热将焊条和焊件熔化，形成熔池。随着焊条的前移，熔池金属冷却凝固形成焊缝。

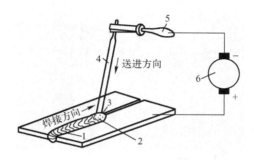

1—焊缝　2—熔池　3—电弧　4—焊条　5—焊钳　6—弧焊电源

图4-1　焊条电弧焊的焊接过程

知识链接

电弧的产生

电弧产生的实质是气体导电。焊接电弧是在由焊接电源供电的具有一定电压的电极与工件间，由气体介质产生的强烈而持久的放电现象。

为使气体导电和电弧的持续燃烧必须满足两个条件：

① 气体电离；

② 由电源为电极和工件供电使阴极发射电子。

引燃电弧时，电极与工件先接触短路，电极与工件接触表面迅速被加热，然后拉开一定距离，热阴极发射出电子，电子在电场作用下加速并撞击气体原子，发生气体电离，形成电弧。

电弧的结构与温度和热量的分布

焊接电弧由阴极区、阳极区和弧柱3部分组成。一般情况下，阳极区的温度比阴极区要高。工件和电极（焊条）表面，即阴极区或阳极区的温度受材料沸点的限制不能升得很高，一般在材料的熔点和沸点之间，焊条电弧焊电弧中心温度约在5000～8000K之间。

3. 常用设备与工具

（1）认识焊条电弧焊设备

常用的焊条电弧焊设备（焊机）主要是弧焊变压器和弧焊整流器。

① 弧焊变压器

弧焊变压器是一种焊接用的特殊降压变压器，专门提供焊接用的交流电且具有调节和指示电流的装置。BX1—300型弧焊变压器是目前较为常用的一种，其外观如图4-2所示。型号中"B"表示弧焊变压器，"X"表示下降外特性（输出端电压与输出电流的关系称为电源外特性），"1"表示品种系列代号（动铁芯式），"300"表示弧焊变压器额定焊接电流为300A。

图4-2　弧焊变压器

如图4-3所示是动圈式弧焊变压器的铭牌，在铭牌上面往往标出几种不同负载持续率时的允许使用的焊接电流，使用时不能超过规定范围。

交流弧焊机

型　　号	BX3—315	额定焊接电流	315A
电源电压	380V	额定工作电压	32V
频　率	50Hz	额定负载持续率	60%
相　数	1N	重　量	155kg

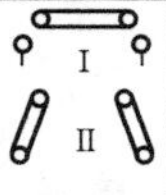	接　法	电流调范围(A)	空载电压(V)
I	I	40–135	76
II	II	120–315	70

负载持续率(58%)	输入容量(kVA)	初始电流(A)	许用焊接电流(A)
100%	15	43	232
60%	21	54	315

编号 □□□□　生产日期 □□□□ 年 □ 月

图4-3　弧焊变压器铭牌实例

弧焊变压器结构简单、体积小、价格低、效率高，使用可靠，维修方便，但电弧稳定性稍差。

②弧焊整流器

弧焊整流器用以提供焊接用的直流电，其结构相当于在弧焊变压器中加上整流装置，把输出的交流电变成直流电。ZX5—300是目前生产中应用较多的直流弧焊电源，型号中"Z"表示弧焊整流器，"X"表示下降外特性，"5"表示弧焊整流器采用晶闸管式系列，"300"表示弧焊整流器额定焊接电流为300A。

因弧焊整流器输出端有正极和负极之分，因此用弧焊整流器焊接时有两种不同的接线法。将焊件接正极，焊条接负极，称为正接法，反之称为反接法。一般电弧正极的温度和热量比负极高，所以焊接厚板时用正接法，焊接薄板时用反接法。用弧焊整流器焊接，引弧容易，电弧稳定，在焊接质量要求较高或焊接薄件、有色金属、铸铁和特殊性能钢时，宜采用弧焊整流器。此外，某些型号的焊条也要求采用弧焊整流器。

（2）认识常用工具

焊条电弧焊常用的工具有电焊钳、焊接电缆、面罩、清渣工具等。

焊钳

焊钳是用以夹持焊条（或碳棒）并传导焊接电流进行焊接的工具，常用的焊钳有300A、500A两种规格。焊钳必须有良好的绝缘性与隔热能力；焊钳的导电部分采用纯铜材料制成，保证有良好的导电性，与焊接电缆连接应简便可靠、接触良好；焊条位于水平、45°、90°等方向时，焊钳应能夹紧焊条，方便焊条更换，并且质量轻、便于操作、安全性高，焊钳构造如图4-4所示，如图4-5所示为各种规格的焊钳。

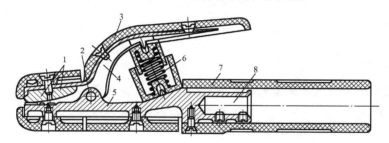

1—钳口　2—固定销　3—弯臂罩壳　4—弯臂　5—直柄　6—弹簧　7—胶木手柄　8—电缆固定孔

图4-4　焊钳的构造

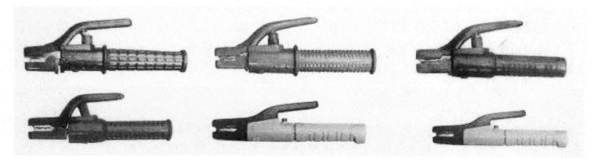

图4-5　各种规格的焊钳

焊接电缆

焊接电缆的作用是传导焊接电流。焊接电缆由多股细纯铜丝制成，其截面大小应根据焊接电流和导线长度选择；焊接电缆外皮必须完整、柔软、绝缘性好，如外皮损坏应及时修复或更换；焊接电缆长度一般不宜超过 20~30m，如需超过时，可以用分节导线，连接焊钳的一段用细电缆，便于操作，减轻焊工的劳动强度；电缆接头最好使用电缆接头连接器，其连接简便、牢固。

③ 面罩

面罩是为防止焊接时产生的飞溅、弧光及其他辐射对焊工面部及颈部产生损伤的一种遮蔽工具，有手持式和头盔式两种（如图 4-6 所示）。面罩上装有用以遮蔽焊接有害光线的护目玻璃，选择护目玻璃的色号，应考虑焊工的视力。

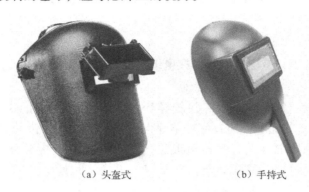

（a）头盔式　　　　　　　（b）手持式

图 4-6　焊工面罩

为保护视力，在可能的情况下，应尽量选择色号大些和颜色深些的玻璃。为使护目玻璃不被焊接时产生的飞溅损坏，可在外面加上两片无色透明的防护白玻璃。有时为增加视觉效果可在护目玻璃后加一片焊接放大镜。

④ 清渣工具

敲渣锤是清除焊缝焊渣的工具，敲渣锤有尖锯形和扁铲形两种，常用的是尖锯形。气动打渣工具可以减轻焊工清渣时的劳动强度，尤其采用低氢型焊条焊接开坡口的厚板接头时，手工清渣占全部工作量的一半以上，采用气动打渣工具可以缩短 2/3 的时间，而且清渣更干净、轻便、安全。

应当注意的是，清渣时焊工应戴平光镜并用面罩遮挡，防止焊渣崩伤。

4. 合理选用焊条

（1）了解焊条的组成

焊条由焊芯和药皮组成，如图 4-7 所示。

图4-7　焊条

① 焊芯

焊芯是焊条内的金属丝，由专门冶炼的优质低碳钢丝制成，它具有一定的直径和长度。焊芯有两个作用：

◇ 用作电极传导电流，产生电弧。

◇ 熔化后作填充金属，形成焊缝。

② 药皮

药皮是压涂在焊芯上的涂料层，由矿石粉、有机物粉、铁合金粉和粘结剂等原料按一定比例配制而成，它的主要作用是：

◇ 改善焊接工艺性促进电离，稳定电弧，减少飞溅，使焊缝成形美观。

◇ 机械保护作用——造渣，造气，隔离空气，保护熔化金属。

◇ 冶金处理作用——去除熔池金属中的有害杂质（氧、氢、硫、磷等），渗入合金元素，调节焊缝化学成分，改善焊缝金属性能。

（2）了解焊条的分类，识别焊条的型号及牌号

① 焊条的分类

焊条的分类方法很多，如表4-1所示。这里主要介绍酸性焊条和碱性焊条。

表4-1　焊条分类

分类方法	焊条种类	分类方法	焊条种类
按焊条用途分	结构钢焊条	按焊条特性分	超低氢焊条
	耐热钢焊条		低尘低毒焊条
	不锈钢焊条		立向下焊条
	堆焊焊条		底层焊条
	低温钢焊条		高效铁粉焊条
	铸铁焊条		抗潮焊条
	镍及镍合金焊条		重力焊条
	铜及铜合金焊条		水下焊条
	铝及铝合金焊条		躺焊焊条
按药皮酸、碱性分	酸性焊条		
	碱性焊条		

知 识 链 接

酸性焊条

酸性焊条的药皮中含有较多的酸性氧化物（如二氧化钛、二氧化硅等），氧化钛型、钛钙型、钛铁矿型和纤维素型焊条都属于酸性焊条。

◇ 酸性焊条的优缺点

酸性焊条的优点：焊接工艺性能好，容易引发电弧，并且电弧稳定，脱渣容易，飞溅小，成形美观，施焊技术容易掌握，可交、直流两用，适于各种位置焊接。

酸性焊条的缺点：焊缝金属力学性能较差，抗裂性不好。

◇ 酸性焊条的应用

酸性焊条通常用于承受载荷较小的一般结构的焊接。

碱性焊条

碱性焊条的焊条药皮中含有较多的碱性氧化物（如氧化钙、氧化镁），同时含有较多的氟化钙。氟化钙有较强的去氢作用，使焊缝金属的含氢量很低，因此碱性焊条又称为低氢焊条。

◇ 碱性焊条的优缺点

碱性焊条的优点是：焊缝金属含氧量低，合金元素很少被氧化，合金化效果好；由于药皮中碱性氧化物较多，所以脱氧、脱硫、脱磷的能力强，焊缝金属的塑性、韧性和抗裂性都比酸性焊条好。

碱性焊条的缺点是：焊条的焊接工艺性能差，电弧稳定性差，不加稳弧剂时只能用直流电源焊接，脱渣性不好，对铁锈、水分、油等比较敏感，焊接时容易产生气孔，并且产生的有毒气体和烟尘量较酸性焊条多。

◇ 碱性焊条的应用

碱性焊条一般用于承受动载荷或冲击载荷的结构及形状复杂、刚度大、厚度大的重要结构的焊接。

如图 4-8 所示是电焊条展示图片。

图 4-8　电焊条

② 焊条的型号

焊条型号是以国家标准为依据，反映焊条主要特性的一种焊条表示方法。

结构钢焊条以国家标准 GB/T 5117—1995《碳钢焊条》、GB/T 5118—1995《低合金钢焊条》为依据，根据熔敷金属的力学性能、药皮类型、焊接位置和焊接电流种类编写的焊条型号，表示方法如下。

◇ 型号中的第1个字母"E"表示焊条。

◇ "E"后面两位数字表示焊条熔敷金属的抗拉强度等级（原单位为 kgf/mm^2）。

◇ "E"后面第3位数字表示焊条适用的焊接位置。其中"0"及"1"表示焊条适用于全位置焊（平焊、立焊、横焊和仰焊），"2"表示焊条适用于平焊及平角焊，其他数字表示的意思可查阅国家标准 GB/T 5117—1995。

◇ "E"后面的第3和第4位数字组合时表示该位置下的药皮类型和适用的电流种类。

◇ 对焊条有特殊规定时，在"E"后面第4位数字后附加字母或数字。如：附加"R"表示耐吸潮焊条，附加"-1"表示对冲击性能有特殊要求的焊条。

③ 焊条的牌号

焊条牌号是根据焊条的主要用途、性能特点对产品的具体命名。在焊条新国家标准发布的同时，废止了相应的旧焊条国家标准。焊条牌号本应废止，但由于目前国内焊条国家标准尚不完善，而国内各行各业对原有的焊条牌号及编制方法沿用已久，故仍对原牌号进行介绍，并对常用的焊条将其型号和牌号进行对照（见表4-2）。

表4-2　常用碳钢焊条、低合金钢焊条型号和牌号对照及用途

焊条种类	牌　号	型　号	焊条性能和用途
碳钢焊条	J420G	E4300	全位置管道用焊条，抗气孔性好。用于工作温度低于450℃、工作压力3.9～18 MPa的高温、高压电站碳钢管焊接
	J422	E4303	焊接工艺性好，电弧稳定，焊道美观，飞溅小。用于焊接较重要的低碳钢结构和强度等级低的低合金钢
	J502	E5003	焊条工艺性好。用于16Mn等低合金钢的焊接
	J507	E5015	焊条工艺性较差，焊缝金属具有优良的塑性、韧性及抗裂性。用于中碳钢及某些低合金钢的焊接
低合金钢焊条	J707	E7015—D2	低合金高强度钢焊条，用于焊接15MnVN、18MnMoNb等低合金钢的焊接，构件需在焊前预热和焊后热处理

焊条牌号是以一个汉语拼音字母（或汉字）与3位数字表示。其中拼音字母（或汉字）表示类别，字母（或汉字）后面的两位数字表示熔敷金属的抗拉强度等级，字母或汉字后面的第3位数字表示药皮类型和电流种类，数字后面的字母符号表示焊条的特殊性能和用途。

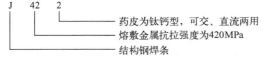

（3）合理选用焊条

焊条的种类、型号很多，必须合理选用。焊条的选用原则如下：

◇ 焊接低碳钢和低合金钢时，一般按等强原则选用焊条，即选用熔敷金属抗拉强度最低值等于或接近于焊件钢材抗拉强度的焊条，如焊接 Q235、20 钢可选用 E4303（J422）焊条；焊接 16Mn 钢可选用 E5015（J507）或 E5016（J506）焊条。

◇ 焊接不锈钢、耐热钢时，一般按同成分原则选用焊条，即选用焊缝金属化学成分与焊件钢材成分相同或相近的焊条。

◇ 此外，选用焊条时，还应考虑焊件的受力状况和重要性，对受力复杂或承受动载的焊件及压力容器等，应选用抗裂性好的相同强度等级的碱性焊条。

5. 识别焊接缺陷

（1）焊接缺陷的种类

在焊接过程中，焊接接头会产生一些缺陷，常见的焊接缺陷如图 4-9 所示。

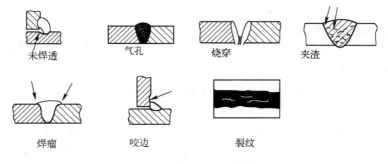

图 4-9　常见的焊接缺陷

① 外形不合格

焊缝外形尺寸不符合要求，焊缝高低不平、宽窄不均、余高过大或内凹、焊波粗劣等。

② 咬边

在焊缝边缘处形成的小沟槽或凹陷。

③ 焊瘤

在焊缝边缘上形成多余的、未与焊件熔合的堆积金属。

④ 未焊透

接头根部未完全熔合。

⑤ 夹渣

残留于焊缝金属内的焊渣。

⑥ 气孔

焊缝表面或内部由气体造成的孔眼。

⑦ 裂纹

焊接接头局部区域形成的细小缝隙。

⑧ 烧穿

造成焊接缺陷的原因很多，产生裂纹的主要原因有材料（焊件和焊条）选择不当，焊接工艺不合适等。其他焊接缺陷的形成原因一般是焊前准备工作（如坡口形状、清理、组装、焊条烘干等）做得不好，焊接工艺参数选择得不合适及操作不良等。

（2）焊接检验

焊件焊完后，应根据产品技术要求进行检验。常用的检验方法有：外观检验、无损探伤（包括渗透探伤、磁粉探伤、射线探伤和超声探伤等）和水压试验等。

焊接的检验方法

①外观检验

外观检验是用肉眼或借助标准样板、量具等（必要时用低倍放大镜），检验焊缝表面缺陷和尺寸偏差。

②渗透探伤

渗透探伤是无损检测技术中最简便而又有效的一种常用检测手段，利用渗透作用，采用带荧光染料（荧光法）或红色染料（着色法）的渗透剂，显示接头表面微裂纹。这种方法对于焊接裂缝、疲劳裂缝、应力腐蚀裂缝、磨削裂缝、淬火裂缝等表面开口性缺陷的检测具有显示灵敏、结论迅速、重复性和直观性好的独特优点，如图4-10所示是检验人员在用渗透探伤法进行探伤。

图4-10　渗透探伤

③磁粉探伤

磁粉探伤适用于检验铁磁性材料的表面和近表面缺陷。工件被磁化后，当缺陷方向与磁场方向成一定角度时，由于缺陷处的磁导率的变化，磁力线逸出工件表面，产生漏磁场，吸附磁粉形成磁痕。根据磁痕在处于磁场中的焊接接头上的分布特征，检验焊件表面微裂纹和近表面缺陷。磁粉探伤灵敏度高、操作简单、结果可靠、重复性好、缺陷容易辨认等优点，如图4-11所示是一台用于检测石油管道焊接接头的磁粉探伤机。

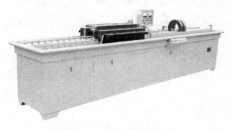

图4-11　磁粉探伤机

④ 超声探伤

超声探伤和射线探伤用来检验焊接接头内部缺陷，如内部裂纹、气孔、夹渣和未焊透等。超声波探伤具有探测距离大，探伤装置具有体积小，重量轻，便于携带到现场探伤，检测速度快，而且探伤中只消耗耦合剂和磨损探头，总的检测费用较低等特点，目前在实际工作中的应用得很普遍。如图 4-12 所示是检验人员在生产现场对管材进行超声波检测。

⑤ 射线探伤

射线探伤分为 X 射线探伤、γ 射线探伤、高能射线探伤和中子射线探伤。射线探伤是利用射线穿透物体来发现物体内部缺陷的探伤方法。射线能使胶片感光或激发某些材料发出荧光。射线在穿透物体过程中按一定的规律衰减，利用衰减程度与射线感光或激发荧光的关系可检查物体内部的缺陷。探伤作业时，应遵守有关安全操作规程，采取必要的防护措施。如图 4-13 所示是射线探伤时起防护作用的铅箱，如图 4-14 所示是经射线探伤反映到胶片上的缺陷影像。

图 4-12　现场超声波检测

图 4-13　射线探伤铅箱

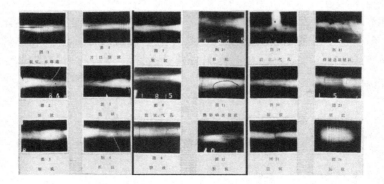

图 4-14　缺陷影像

知识链接

⑥ 水压试验

水压试验用来检验受压容器的强度和焊缝的致密性，一般是超载检验，实验压力为工作压力的 1.25~1.5 倍。如图 4-15 所示是生产现场对锅炉进行水压实验。

图 4-15　锅炉水压实验

模块 2　焊条电弧焊引弧技能训练

如图 4-16 所示是焊条电弧焊示意图。

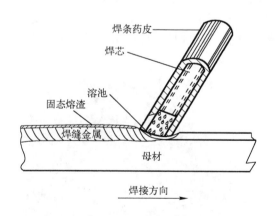

图 4-16　焊条电弧焊示意图

在进行焊条电弧焊时，在焊条与焊件之间加上一定的电压（交流或直流），先使焊条与工件接触形成短路，然后迅速拉开以产生电弧，这种产生电弧的过程称为引弧。电弧产生的大量热量使焊条和工件熔化形成熔池，待冷却凝固后，便可获得牢固的焊接接头。

训练目的

训练引弧与稳弧的基本操作技能。

操作前准备

（1）焊件的准备

① 钢板 Q235，尺寸 150mm×100mm×6mm（也可以用边角料做练习件用，尺寸和板厚也可自行根据需要选择）。

② 将焊件表面的氧化皮、铁锈、油污、脏物用钢丝刷、砂布或砂纸等进行清理，使焊件露出金属光泽。

（2）焊接材料

焊条型号 E4303（J422），直径 ϕ3.2mm。

（3）焊接设备和工具

① 焊接设备：焊机 BX1—300 或 ZX7—300。

② 工具：钢丝刷、敲渣锤、石笔、钢板尺。

 操作过程

（1）操作要领

引弧是焊接过程的开始，也是焊接作业中频繁进行的动作。引弧技术对焊缝质量有直接影响，因此必须给予足够的重视，掌握焊接基本功从引弧开始。

① 焊钳的握持方法

焊条电弧焊时操作者用手握持焊钳的方法很重要，如果方法不当，则会给焊接过程中调整焊条角度和改变运条手法造成困难，不但会影响焊接速度，还会影响焊缝质量。由于焊接过程中需要经常调整焊条角度，所以握持焊钳的方法应能够让手臂的活动自由度达到最大，如图 4-17 所示。

图 4-17　握持焊钳的方法

② 引弧方法

常用的引弧方法有两种：划擦法和直击法，其操作要领见表 4-3。

表4-3　引弧方法及操作要领

引弧方法	示　意　图	操　作　要　领
划擦法		先将焊条末端对准焊件，并使焊条向焊接方向倾斜约30°，然后像划火柴一样，手腕向右旋转划擦工件（划擦长度10~15mm为宜），出现弧光的同时将焊条提起2~4mm引燃电弧，之后使弧长保持在与所使用的焊条直径相应的范围内，保持电弧稳定燃烧并调整焊接姿势。
直击法		先将焊条末端对准焊件，手腕向下放使焊条末端与工件垂直接触，然后迅速将焊条提起2~4mm引燃电弧，之后使弧长保持在与所使用的焊条直径相应的范围内，保持电弧稳定燃烧并调整焊接姿势。

（2）操作步骤

引弧的操作步骤见表4-4。

表4-4　引弧的操作步骤

操作程序	操　作　要　领	技　术　要　求
焊件准备	用石笔和钢板尺在焊件表面画好引弧线。单位：mm 	引弧线长度30mm 间距20mm
焊机准备	调整焊接电流，接通焊机电源。碱性焊条采用直流反接，即工件接焊机负极，焊钳接正极。	焊接电流90~110A
下蹲姿势	双脚跟着地蹲稳，上半身稍向前倾但不能扶靠大腿，手臂不能搁靠腿旁，右臂应能自由移动。焊件在人体正前方，稍靠近身体。	重心要稳，手臂运条自如。
夹持焊条	右手正握焊钳，焊条与焊钳垂直。钳口与焊件保持水平，手腕向右侧倾斜，焊钳位置在视线右侧以便观察熔池。	便于夹持和更换焊条
引弧准备	找准焊件上的引弧线，将焊条头对准引弧点，左手持面罩，遮住面部，准备引弧。	焊条头应在引弧点上方10mm左右位置
划擦引弧	采用划擦法引燃电弧	弧长不能超过焊条直径
焊条下送	电弧引燃后，当看到焊条开始熔化，电弧逐渐变长时，焊条应随着熔化而相应地下送，以保持弧长稳定。	电弧稳定

续表

操作程序	操作要领	技术要求
电弧直线移动	当在焊件表面形成熔池后，使焊条向焊接方向倾斜并做直线移动。当焊缝长度达到30mm时，拉长电弧使之熄灭，然后重新引弧，反复练习。焊条与焊件成75°~80°的夹角。 3mm 75°~80° 焊接方向	焊条下送和沿焊接方向的直线移动速度要均匀，配合要协调 焊缝基本平直，焊缝宽度 8 ~ 10mm，余高2 ~ 4mm

（3）考核要求

 在规定时间内成功引弧的次数、引弧位置的准确性。

 焊缝起头处无明显的焊缝宽度过窄、余高过高现象。

模块3 焊条电弧焊运条技能模拟训练

焊接过程中，焊条相对焊缝的各种运动的总称叫做运条。运条对焊缝成形甚至焊接质量有重要影响，是初学者必须掌握的基本技能。

训练目的

掌握运条路线及操作要领，锻炼焊工臂力，培养焊工潜意识。

操作前准备

训练纸（报纸、图纸、生宣纸等均可）、毛笔、焊钳、铅笔、直尺、墨汁。

操作过程

（1）操作要领

 焊条的运动

电弧引燃后，焊接过程开始，这时焊条有 3 个基本运动，如图 4-18 所示。

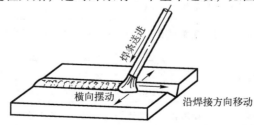

图 4-18　焊条的 3 个基本运动

◇ 焊条向熔池方向逐渐送进

焊条向熔池的送进运动是为了使焊条熔化后仍能保持弧长稳定，以便焊接过程顺利进行。焊条向熔池送进的速度要求与焊条的熔化速度相等，否则，不仅会影响焊缝成形，甚至会影响焊接过程的稳定和焊接质量。

◇ 焊条沿焊接方向移动

随着焊条的不断熔化，逐渐形成一条焊道。若焊条移动速度太慢，则焊道过高、过宽、外形不整齐，在焊接薄板时还会发生烧穿现象；若焊条的移动速度太快，则电弧来不及熔化足够的焊件金属和焊条，造成焊缝熔深过浅、焊道狭窄，甚至发生未焊透现象。为了控制焊缝成形，要控制好焊条沿焊接方向的移动速度（焊接速度）。焊接速度是由工件厚度、接头形式、焊接电流和焊条直径等因素决定的，与焊接质量和焊接生产率有很大关系。应注意的是，焊条移动时应与前进方向成 70°～80° 的夹角，以使熔化金属和熔渣推向后方，否则熔渣流向电弧的前方，会造成夹渣等缺陷。

◇ 焊条的横向摆动

焊条的横向摆动的目的是得到一定宽度的焊缝，保证焊件坡口两侧、根部、每个焊道之间相互熔合良好，横向摆动还有利于排出气体和熔渣、延缓熔池金属冷却速度，防止产生气孔、夹渣和裂纹等焊接缺陷。焊条横向摆动幅度由要求的焊缝宽度、焊条直径等因素决定，摆动的速度由操作者根据熔池的熔化情况灵活掌握。摆动幅度要均匀一致，在电弧到达焊道与母材、焊道与焊道的交界处时，在焊道两侧边缘要稍作停留，以便熔合良好。

② 运条方法

在实际生产中，运条的方法很多。一般是根据焊工本人的操作水平和工件接头形式、焊缝位置、焊条直径、焊接电流等选择运条方法。常用的运条方法和应用范围见表4-5。

表4-5 常见运条方法及应用

运条方法	运条路径	操作要领	应用
直线运条法	→	焊接时保持一定弧长，焊条沿焊接方向直线移动	电弧稳定，焊缝熔深大、宽度小，适于薄板不开坡口的对接焊缝、多层焊的第1层焊缝和多层多道焊
直线往复运条法	⌐⌐⌐⌐⌐⌐⌐ →	焊条末端沿焊接方向做来回的直线形摆动	焊接速度快、焊缝宽度小、散热快，适于薄板和接头间隙较大的第1层焊缝的焊接
锯齿形运条法	∧∧∧∧∧	焊条末端作锯齿形连续摆动并向前移动，并在焊缝两边稍作停留，步进幅度 2～3mm	通过摆动控制熔化金属的流动和获得合适的焊缝宽度，操作容易，适于中厚板以上平、立、仰焊的对接接头、立焊的 T 型接头的焊接
月牙形运条法	◟◟◟◟◟◟	焊条末端沿焊接方向作月牙形的连续摆动的同时向前移动，并在焊缝两边稍作停留，步进幅度 2～3mm	操作上比锯齿形稍难，焊缝余高较大，但焊缝质量好，适用范围与锯齿形的相同

续表

运条方法	运条路径	操作要领	应用
正三角形运条法		焊条末端沿焊接方向作正三角形的连续摆动的同时向前移动，并在焊缝两边稍作停留，步进幅度2~4mm	操作难度较大，一次能焊出较厚的焊缝截面而不易产生夹渣，焊接生产率高，适于开坡口的对接接头立焊和不开坡口的立角焊
斜三角形运条法		焊条末端沿焊接方向作斜三角形的连续摆动的同时向前移动，并在焊缝两边稍作停留，步进幅度2~4mm	操作难度较大，能借助焊条的摆动来控制熔化金属量，焊缝成形良好，适于角焊缝的平焊和仰焊、开坡口的横焊
正圆形运条法		焊条末端沿焊接方向作正圆形的连续摆动的同时向前移动，并在焊缝两边稍作停留，步进幅度2~4mm	能使熔化金属有足够高的温度，促使熔池中的气体和熔渣逸出，焊缝质量好，适于较厚焊件开坡口的平焊
斜圆形运条法		焊条末端沿焊接方向作斜圆形的连续摆动的同时向前移动，并在焊缝两边稍作停留，步进幅度2~4mm	操作难度较大，有利于借助焊条摆动控制熔化金属下淌，利于焊缝成形，适于平焊、仰焊位置的角焊缝和开坡口的横焊缝的焊接

（2）操作步骤

① 把训练纸固定在图板上，用铅笔和直尺画出运条路线，要求每张纸上画一种运条方法，由简单开始练习，注意运条线路应准确。

② 毛笔蘸满墨汁，用焊钳把毛笔当焊条夹持。

③ 手臂悬空，在画好的运条线路上进行运条练习。

④ 运条练习时注意在两边稍作停留，当运笔到边缘时立刻想到应稍作停留，培养焊工意识。

⑤ 注意毛笔（焊条）与纸（工件）的角度。

（3）考核要求

① 握持焊钳姿势正确。

② 线条宽度一致，步进均匀。

③ 画出的线条应能看出停留的痕迹。

模块 4　焊缝起头、 收尾与连接技能训练

 焊缝的起头的操作要领

操作时要注意：在引弧后先将电弧稍微拉长，对焊件进行预热，然后再适当地缩短电弧进行正常焊接。

焊缝的起头是指开始焊接部分的焊缝。由于焊件在焊接之前温度低，引弧后不可能使这

部分金属温度迅速升高，同时焊条药皮还未形成大量保护气体和熔渣，造成焊缝起头部位熔深较浅而余高较高。

焊缝的连接的操作要领

焊条电弧焊时，由于受焊条长度的限制，较长的焊缝是由短焊缝逐段连接起来的。先焊焊缝与后焊焊缝的衔接部位叫做焊缝接头。焊缝接头容易出现过高、脱节和焊缝宽度不一致等缺陷。为了避免焊缝接头出现缺陷，要求在焊接过程中焊缝接头选用恰当的连接方式。常用的连接方式见表4-6。

表4-6　焊缝接头的连接方式

连接方式	示意图	操作要领
头、尾连接	头　1　尾　头　2　尾 后焊焊缝的起头与先焊焊缝的结尾连接	1. 先焊焊缝在熄弧时出现明显的弧坑 2. 后焊焊缝在离弧坑10mm处引弧，并用长弧预热片刻 3. 将电弧回到弧坑，压低电弧，稍作摆动填满弧坑后进入正常焊接
头、头连接	尾　1　头　头　2　尾 后焊焊缝的起头与先焊焊缝的起头连接	1. 先焊焊缝起头应略低 2. 在先焊焊缝起头前约5mm处引弧，并用长电弧对起头处进行预热 3. 将电弧前移到焊缝起头的正常高度处，并压低电弧覆盖前焊缝端头进行正常焊接
尾、尾连接	头　1　尾　尾　2　头 后焊焊缝的结尾与先焊焊缝的结尾连接	1. 焊到先焊焊缝的弧坑时，减低焊接速度，填满弧坑 2. 填满弧坑后以较快的速度再向前焊约2mm熄弧
尾、头连接	头　2　尾　头　1　尾 后焊焊缝的结尾与先焊焊缝的起头连接	焊到先焊焊缝的起头时，减低焊接速度，覆盖前焊缝的端头，以较快的速度再向前焊约2mm熄弧

（1）头尾连接法

连接的方法是先在焊道前面10mm处引弧，弧长比正常的弧长略长，然后将电弧移到原弧坑的2/3处，填满弧坑后即向前进入正常焊接。这种连接方法必须注意电弧后移量，若电弧后移太多，则可能造成接头过高；若电弧后移太少则造成接头脱节、弧坑未填满，此种连接方法在接头时更换焊条愈快愈好，因为在熔池尚未冷却时进行连接，不仅能保证质量，而且可使焊缝外表成形更好。

（2）头头连接法

要求先焊焊道的起头处要略低些，连接时在先焊焊道的起头稍前处引弧，并稍微拉长电弧，将电弧引向先焊焊道的起头，并覆盖其端头处，等起头处焊道焊平后再向先焊焊道相反方向移动。

（3）尾尾连接法

后焊焊道从接头的另一端引弧，焊到前焊道的结尾处，焊接速度略慢些，以填满焊道的弧坑，然后以较快的焊接速度再略向前熄弧。

（4）尾头连接法

后焊焊道结尾与先焊焊道起头相连，再利用结尾时的高温重复熔化先焊焊道的起头处，将焊道焊平后快速收尾。

 焊缝的收尾的操作要领

焊缝的收尾指一条焊缝完成后进行收弧的过程，不仅要熄弧还要注意填满弧坑。这个过程很重要，如果操作不当就容易在熄弧处产生弧坑、弧坑裂纹，甚至气孔。正确的收尾方法有 3 种，见表 4-7。

表 4-7　正确的收尾方法

收尾方法	示意图	操作要领	适用范围
画圈收尾法		电弧在焊缝收尾处作圆圈运动，直至填满弧坑，再拉断电弧	1. 厚板焊接 2. 酸性、碱性焊条均可采用
反复断弧收尾法	熄弧　引弧	在焊缝收尾处反复熄灭和引燃电弧数次，直至填满弧坑	1. 薄板焊接、多层焊的打底焊和大电流焊接 2. 碱性焊条不宜采用
回焊收尾法	3　2　1　75°	电弧在焊缝收尾处停住，同时将焊条朝反方向回焊一小段后熄弧	碱性焊条

模块 5　平敷焊技能训练

 操作准备

（1）练习工件

Q235 低碳钢板、尺寸 300mm×150mm×8mm。

（2）焊条

酸性焊条 E4303（J422），规格 Φ3.2mm。

（3）焊机

焊机 BX1—300 或 ZX7—300。

（4）工具

电焊防护面罩、敲渣锤、钢丝刷、錾子、石笔、钢板尺。

 操作过程

（1）操作要领

① 在工件上画出多条焊缝线，每条焊缝线间隔20mm。

② 做好劳动防护，焊机接通电源。

③ 注意焊接电流是否合适。

④ 分别用直线运条法、锯齿形运条法和月牙形运条法在工件上按基准线进行平敷焊练习。每条焊缝焊完后清理飞溅，检查焊缝质量。

⑤ 操作时按前面叙述的起头、运条、连接、收尾的操作要领进行练习。为加强练习，可适当将每段焊缝长度减小。焊条角度如图4-19所示，焊条后倾角为10°～25°，焊条与工件夹角为90°。

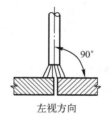

图4-19　焊条角度

（2）考核要求

① 焊缝起头、连接、运条与收尾方法正确。

② 焊后工件上看不到引弧痕迹。

③ 焊波均匀，无咬边；接头处基本平滑，无过高现象；收尾处无弧坑。

④ 各种工具及防护用品使用正确。

模块 6　平敷焊训练项目评分标准

平敷焊训练项目评分标准见表4-8。

表4-8　平敷焊训练项目的评分标准

考核项目	考核内容	考核要求	配分	评分要求
安全文明生产	能正确执行安全技术操作规程	按达到规定的标准程度评定	20	根据现场纪律，视违反规定程度扣1~20分
	按有关文明生产的规定，做到工作地面整洁、工件和工具摆放整齐		20	根据现场纪律，视违反规定程度扣1~20分
主要项目	焊缝的外形	焊缝表面无气孔、夹渣、焊瘤、裂纹、未熔合	30	焊缝表面有气孔、夹渣、焊瘤裂纹、未熔合其中一项扣1~30分
	焊缝的表面质量	焊缝表面成形：波纹均匀、焊缝平直	30	视波纹不均匀、焊缝不平直扣1~30分

复习与思考

一、判断题

1. （　　）E4303焊条型号中，"03"表示全位置焊接。
2. （　　）焊接电弧由阳极区、阴极区和弧柱区3个区域组成。
3. （　　）电弧焊引弧方法有接触短路引弧法和高频高压引弧法等。
4. （　　）结构钢焊条焊芯的成分特点是低碳、低硅、低硫、低磷。
5. （　　）咬边是一种较危险的缺陷，因为在咬边处会造成应力集中，导致产生裂纹。

二、单项选择题

1. 焊机型号 ZX—300 中，"300"表示什么？（　　）
   A. 焊接电流300A　　　　　　　　B. 额定焊接电流300A
   C. 短路电流300A　　　　　　　　D. 空载电压300V
2. 焊接时，对弧焊过程要进行保护，焊条电弧焊采用了哪种保护？（　　）
   A. 渣保护　　　　　　　　　　　B. 气保护
   C. 气渣联合保护　　　　　　　　D. 惰性气体保护
3. 焊接时，接头根部未完全熔透的现象称为什么缺陷？（　　）
   A. 未焊透　　　　B. 未熔合　　　　C. 气孔　　　　D. 裂纹
4. 焊条型号中，表示焊条的字母是什么？（　　）
   A. E　　　　　　B. Q　　　　　　C. H　　　　　　D. A
5. 工件表面锈皮未清除干净会引起（　　）。
   A. 气孔　　　　　B. 再热裂纹　　　　C. 咬边　　　　D. 弧坑

三、问答题

1. 什么叫焊条电弧焊？焊条电弧焊有那些特点？
2. 焊条电弧焊的引弧方法有几种？

3. 焊接运条时焊条应做哪3个方向的运动？每个方向的运动目的是什么？

4. 焊道的连接方法有哪几种？

5. 如何进行焊道收尾？

6. 焊接电弧的实质是什么？焊接电弧由哪3部分组成？

7. 焊条药皮和焊芯各起什么作用？焊条型号E4303、牌号J422的含义各是什么？

8. 焊接操作时应如何控制熔池的大小和形状？有何意义？

9. 常见的焊接缺陷有哪些？

单元5 焊条电弧焊综合技能训练

焊条电弧焊根据焊接位置的不同可分为平焊、立焊、横焊和仰焊4种，在本单元中将对平板对接的平焊、立焊及横焊操作方法及管材的对接焊技术加以介绍。

学习重点 不同焊接位置焊接参数的选择。

学习难点 不同焊接位置的操作要领。

模块 1 综合技能训练前的知识准备

1. 焊接接头

(1) 焊接接头的含义

焊接接头指由两个或两个以上零件通过焊接方法连接的接头，如图5-1所示。检验接头性能应考虑焊缝、熔合区、热影响区，甚至母材等不同部位的相互影响。标准中对母材金属、焊缝、熔合区和热影响区的定义如下。

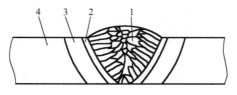

1—焊缝区　2—熔合区　3—热影响区　4—母材

图5-1　焊接接头

① 焊缝——焊件经焊接后所形成的结合部分。

② 熔合区（熔化焊）——焊缝与母材交界的过渡区，即熔合线处微观显示的母材半熔

化区。

③ 热影响区——在焊接或切割过程中，材料因受热的影响（但未熔化）而发生金相组织和力学性能变化的区域，是整个焊接接头的薄弱环节。

④ 母材金属——被焊金属的统称。

（2）焊接接头形式

在焊接中，由于焊件的厚度、结构及使用条件不同，其接头形式及坡口形式也不同，焊接接头形式有对接接头、T形接头、角接接头、搭接接头、十字接头、端接接头、套管接头、卷边接头、锁底接头等。常用的接头形式主要有对接接头、T形接头、角接接头及搭接接头等，见表5-1。

表5-1　各种接头、坡口及焊缝形式

序　号	简　　图	坡口形式	接头形式	焊缝形式
1		I形	对接接头	对接焊缝（双面焊）
2		V形	对接接头	对接焊缝
3		X形（带钝边）	对接接头	对接焊缝（有根部焊道）
4		I形	对接接头	角焊缝
5		I形	T形接头	角焊缝
6		K形	T形接头	对接焊缝和角焊缝的组合焊缝
7		K形	十字接头	对接焊缝
8		I形	十字接头	角焊缝

序　号	简　图	坡口形式	接头形式	焊缝形式
9		Ⅰ形	搭接接头	角焊缝
10		单边Ⅴ形（带钝边）	角接接头	对接焊缝
11	>30° ＜135°		角接接头	角焊缝
12			角接接头	角焊缝

① 对接接头

两焊件表面构成大于或等于135°、小于或等于180°夹角的接头，叫做对接接头。该种接头形式受力均匀，应力集中小，是比较理想的接头形式，也是焊接结构中首选和采用最多的一种接头形式。

② T形接头

一焊件之端面与另一焊件表面构成直角或近似直角的接头叫做T形接头。该种接头可承受各种方向的力，在焊接结构中被广泛使用。例如，在船体结构中70%的焊接接头是T形接头。

③ 角接接头

两焊件端面间构成大于30°、小于或等于135°夹角的接头，叫做角接接头。该种接头形式受力状况不太好，易引起应力集中，一般用在不重要的结构中。

④ 搭接接头

两焊件部分重叠构成的接头，叫做搭接接头。该种接头形式应力分布不均，在承受动载荷的结构中不宜采用此种形式，但该接头易于装配，在不重要的焊接结构中有较多应用。

2. 坡口形式

（1）坡口基本形式

坡口指根据设计或工艺需要，在焊件的待焊部位加工并装配成的有一定几何形状的沟槽。国家标准 GB/T 3375—1994 对各种坡口形式及尺寸做了规定，见表 5-1。根据坡口的形状，坡口分成Ⅰ形（不开坡口）、Ⅴ形、带钝边Ⅴ形（Y形）、带钝边X形（双Y形）、U形、双U形、单边Ⅴ形、双单边Y形、K形及其组合和带垫板等多种坡口形式。常用的坡口形式主要有Ⅰ形（不开坡口）、Ⅴ形（Y形）、U形、X形（双Ⅴ或双Y形）4种。

① Ⅰ形（不开坡口）

加工最方便，但只能用于薄板对接，如焊条电弧焊时，板厚在 3mm 以下的单面焊和板厚在 6mm 以下的双面焊可以采用 I 形（不开坡口）。

②V 形（Y 形）坡口

加工和施焊方便（不必翻转焊件），但焊后容易产生角变形。

③X 形（双 V 或双 Y 形）坡口

这类坡口是在 V 形坡口的基础上发展的。当焊件厚度增大时，采用 X 形代替 V 形坡口，在同样厚度下可减少焊缝金属量约 1/2，并且可以对称施焊，焊后的残余变形较小。其缺点是需要翻转工件，在筒形焊件的内部施焊时劳动条件较差。

④U 形坡口

该坡口的加工比较复杂，但在焊件厚度相同的条件下，填充金属量比 V 形坡口小得多。

（2）坡口各部位的名称

国家标准 GB/T 3375—1994 对坡口各部位的名称（如图 5-2 所示）的定义做了如下规定：

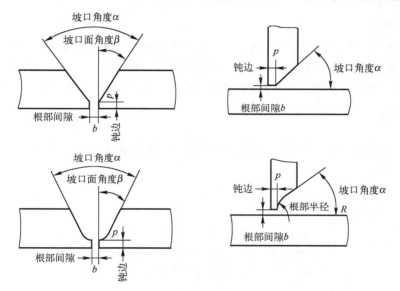

图 5-2　坡口各部位的名称

①坡口面

待焊工件上的坡口表面。

②坡口面角度和坡口角度

待加工坡口的端面与坡口面之间的夹角叫坡口面角度，用符号 β 表示；两坡口面之间的夹角叫坡口角度，用符号 α 表示。

③根部间隙

焊前在接头根部之间预留的空隙，其作用在于打底焊时能保证根部焊透。根部间隙又叫装配间隙，用符号 b 表示。

④钝边

焊件开坡口时，沿焊件接头坡口根部的端面直边部分。钝边用符号 p 表示，其作用是防止焊接时根部烧穿。

⑤ 根部半径

在 I 形、U 形坡口底部的圆角半径。根部半径用符号 R 表示，其作用是增大坡口根部的空间，以便焊透根部。

（3）坡口的作用及清理

坡口的主要作用如下：

① 使电弧深入坡口根部，保证根部焊透。

② 便于清除焊渣。

③ 获得较好的焊缝成形。

④ 调节焊缝中熔化的母材和填充金属的比例（熔合比）。

坡口清理的方法有：

① 机械方法。

② 化学方法。

坡口面及周围区域存在的油污、水分、铁锈及其他污物及有害杂质会造成气孔、裂纹、夹渣、未熔合、未焊透等焊接缺陷，因此焊接之前应将坡口表面及两侧 10mm（焊条电弧焊）或 20mm（埋弧焊、气体保护焊）范围内的污物清理干净，露出金属光泽，保证焊接质量。

3. 焊接位置

焊接位置指熔焊时焊件接缝所处的空间位置。焊接位置有平焊、横焊、立焊和仰焊位置等，如图 5-3 所示。

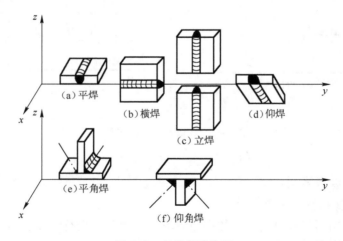

（a）平焊　（b）横焊　（c）立焊　（d）仰焊　（e）平角焊　（f）仰角焊

图 5-3　各种焊接位置

T 形接头、十字接头和角接接头焊缝处于平焊位置进行的焊接称为船形焊。在工程上常遇到的水平固定管的焊接，由于管子在 360°的焊接中，有平焊、立焊、仰焊几种焊接位置，所以称为全位置焊。

4. 焊缝形式

焊缝是焊接接头的重要组成部分，焊缝形式通常按下列方法进行分类。

（1）按焊缝施焊时的空间位置分

按照焊缝在施焊时所处的空间位置的不同，焊缝分为平焊缝、立焊缝、横焊缝和仰焊缝，见表5-2。

表5-2　按施焊焊缝空间位置分类的焊缝形式

焊缝形式	施焊位置	焊缝角度		示意图
		焊缝倾角	焊缝转角	
平焊缝	平焊位置	0°~5°	0°~10°	
立焊缝	立焊位置	80°~90°	0°~180°	
横焊缝	横焊位置	0°~5°	70°~90°	
仰焊缝	仰焊位置	0°~15°（对接）或0°~15°（角接）	165°~180°（对接）或115°~180°（角接）	

（2）按焊缝接合形式分

按照焊缝接合形式的不同，焊缝分为对接焊缝、角焊缝和塞焊缝，见表5-3。

表5-3　按焊缝接合形式分类的焊缝形式

焊缝形式	定　义	示意图
对接焊缝	在焊件的坡口面间，或一零件的坡口面与另一零件表面间焊接的焊缝	
角焊缝	沿两直交或近似直交零件的交线焊接的焊缝	
塞焊缝	零件相叠，其中一块开圆孔，在圆孔中焊接两板所形成的焊缝。只在孔内焊角焊缝的不称为塞焊	

（3）按焊缝断续情况分

按照焊缝的断续情况分，焊缝可分为定位焊缝、连接焊缝和断续焊缝等，见表5-4。

表 5-4　按焊缝断续情况分类的焊缝形式

焊缝形式	定　义	示　意　图
定位焊缝	焊前为装配和固定构件接缝的位置而焊接的短焊缝	
连续焊缝	沿接头长度方向连续焊接的焊缝，包括连续对接焊缝和连续角焊缝	
断续焊缝	焊接成具有一定间隔的焊缝	

定位焊缝的质量很重要，但往往不被焊工所重视，因此生产上经常出现因定位焊缝质量较差而引起的吊装开裂事故。因定位焊缝有裂纹、气孔和夹渣等缺陷而影响焊缝质量，造成焊后返修的案例也较多。

根据规定，定位焊缝应由考核合格的焊工焊接，所用的焊条应与正式施焊的焊条相同。在保证焊件位置相对固定的前提下，定位焊缝的数量应减到最少，但其厚度应不小于根部焊缝的厚度，其长度应不小于较厚板材厚度的 4 倍或不小于 50mm（两者中取其较小者），定位焊缝不应处于焊缝交叉点，应与交叉点间隔 50mm。焊件如果要求焊前预热，定位焊缝也应局部预热到规定温度后再进行焊接。

5. 焊缝形状尺寸

焊缝的形状一般用几何参数表示，不同形式的焊缝其形状参数也不一样。常用的焊缝形状参数有焊缝宽度、余高、焊缝厚度、焊脚尺寸、焊缝成形系数和熔合比等，各参数的定义、表示符号及相互关系见表 5-5。

表 5-5　焊缝形状参数的定义、表示符号及相互关系

形状参数	定　义	示　意　图
焊缝宽度 B	焊缝表面两焊趾之间的距离（焊缝表面与母材交界处叫焊趾）	
焊缝厚度	在焊缝横截面中，从焊缝正面到焊缝背面的距离	
焊缝计算厚度 H	设计焊缝时使用的焊缝厚度。对接焊缝焊透时等于焊件厚度；角焊缝时等于在角焊缝横截面内画出的最大直角等腰三角形中，从直角的顶点到斜边的直线长度	

续表

形状参数	定　义	示　意　图
余高	超出母材表面连线上面的那部分焊缝金属的最大高度	
熔深	在焊接接头横截面上，母材或前道焊缝熔化的深度	
焊脚尺寸	在角焊缝横截面中画出的最大直角等腰三角形中直角边的长度	
焊缝成形系数 φ	熔焊时，在单道焊缝横截面上焊缝宽度（B）与焊缝计算厚度（H）的比值（$\varphi = B/H$）	
熔合比	熔焊时，被熔化的母材在焊道金属中所占的百分比	

模块2　Ｉ形坡口平对接焊技能训练

　　板厚小于 6mm 时，一般采用不开坡口（或开Ｉ形坡口）对接焊。平焊时焊条熔滴受重力的作用过渡到熔池，其操作相对容易。但如果焊接参数不合适或操作不当，容易在根部出现未焊透或出现焊瘤。当运条和焊条角度不当时，熔渣和熔池金属不能良好分离，容易引起夹渣。

训练目的

① 巩固基础操作技能。

② 训练焊工平面焊接成形的能力。

③ 通过训练要求焊工能进行低碳钢平板对接焊。

操作前准备

（1）焊件准备

① 可以选用 Q235、16Mn 钢板，尺寸 300mm×100mm×6mm。进行Ｉ形坡口对接焊，如图 5-4 所示。

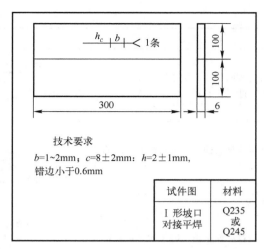

图5-4 I形坡口对接平焊试件图

⚡ 将焊件正面和背面坡口及两侧20mm范围内的油污、铁锈及其他污染物清理干净，矫正工件达到平直度要求。

(2) 焊接材料

酸性焊条E4303（J422），规格 $\phi3.2 \sim 4.0mm$。

(3) 焊接设备和工具

① 设备：焊机 BXl—300 或 ZX7—300。

② 工具：电焊防护面罩、敲渣锤、钢丝刷、錾子等。

 操作过程

(1) 装配及定位焊

焊件装配时应保证两板对接处平齐，板间应留有 1 ~ 2mm 间隙，错边量≤0.6mm。

定位焊缝长度为10mm。定位焊的起头和收尾应圆滑过渡，以免正式焊接时焊不透。定位焊有缺陷时应将其清除后重新焊接，以保证焊接质量。定位焊的电流通常比正式焊接电流大10% ~ 15%，以保证焊透，且定位焊缝的余高应低些，以防止正式焊接后余高过高。

(2) 焊接操作

焊缝的起点、连接、收尾与平敷焊相同。

焊接时，首先进行正面焊，采用直线运条法选用 $\phi3.2mm$ 焊条，焊接参数见表5-6。为获得较大熔深和焊缝宽度，运条速度应稍慢些，使熔深达到板厚的2/3，焊缝宽度为5 ~ 8mm，余高小于1.5mm，如图5-5所示。

表5-6 I形坡口对接平焊焊接参数

焊 接 层 次	焊条直径（mm）	焊接电流（A）	电弧电压（V）
正面（1）	3.2	100 ~ 130	22 ~ 24
正面（2）	4.0	140 ~ 160	22 ~ 26
背面（1）	4.0	140 ~ 160	22 ~ 26

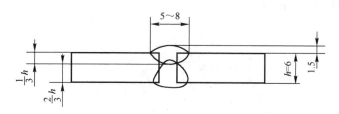

图 5-5　I 形坡口对接焊缝的外形尺寸

清理焊渣后，进行正面盖面焊。采用 φ4.0mm 焊条并适当加大电流焊接，焊条角度如图 5-6 所示，如发现熔渣与熔化金属混合不清时，可把电弧稍拉长些，同时增大焊条前倾角，并向熔池后面推送熔渣，这样熔渣被推到熔池后面（如图 5-7 所示），可防止产生夹渣缺陷。

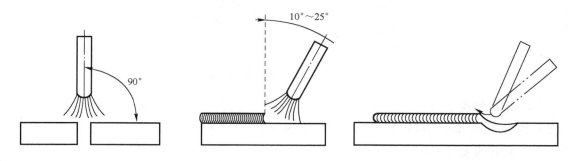

图 5-6　焊条角度　　　　　　　图 5-7　推送熔渣的方法

反面封底焊，焊前先清除焊根焊渣，但对于不重要的焊件反面的封底，焊缝可不必铲除焊根，但应将正面焊缝下面的焊渣彻底清除干净，适当增大焊接电流，运条稍快。

模块3　V 形坡口平对接焊技能训练

板厚大于 6mm 时，为保证焊透应采用开 V 形或 X 形等坡口形式对接，进行多层焊和多层多道焊。

 训练目的

① 巩固平焊操作技能。

② 训练焊工单面焊双面成形的能力。

③ 通过训练要求焊工能进行低碳钢平板对接单面焊双面成形的焊接。

 操作前准备

（1）焊件准备

① 可以选用 Q235、16Mn 钢板，尺寸为 300mm×125mm×12mm。进行 V 形坡口对接焊，如图 5-8 所示。

② 将焊件正面和背面坡口及两侧 20mm 范围内的油污、铁锈及其他污染物清理干净，

矫正工件达到平直度要求。

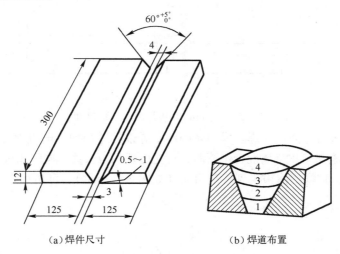

(a)焊件尺寸　　　　(b)焊道布置

图5-8　V形坡口对接平焊试件图

(2)焊接材料

酸性焊条 E4303 (J422)，规格 ϕ3.2 ~ 4.0mm。

(3)焊接设备和工具

① 设备：焊机 BXl—300 或 ZX7—300。

② 工具：电焊防护面罩、敲渣锤、钢丝刷、錾子等。

(4)焊接参数

各焊道选用的焊接参数见表5-7。

表5-7　焊接参数

焊接层（序号）	焊条直径（mm）	焊接电流（A）
打底层（1）	3.2	80 ~ 100
填充层（2、3）	4.0	160 ~ 180
盖面层（4）	4.0	165 ~ 170

 操作过程

(1)装配与定位焊

① 装配要求

起始端间隙为 3.2mm，末端间隙为 4.0mm，错边量≤0.8mm，两端固定焊。

② 预制反变形

由于焊接时钢板的热胀冷缩的作用会造成焊件的变形，为了保证工件焊接后的平直度要求，需要在焊接之前预制反变形，反变形角度为3°~5°，预制方法如图5-9所示。在工件定位焊之后，双手拿住工件并使其正面向下，在铁制工作台上轻轻敲击，观察变形角度，如果没有达到要求再继续轻轻敲击，直到达到预留的反变形角度要求。

装配时可分别将直径为 3.2mm 和 4.0mm 的焊条夹在试件两端，用一直尺搁在被置弯的试件两侧，中间的空隙能通过一根带药皮的焊条，如图 5-10 所示（钢板宽度为 100mm 时，放置直径为 3.2mm 的焊条；宽度为 125mm 时，放置直径为 4.0mm 的焊条）。这样通过预置反变形量可使试件焊后其变形角基本在合格范围内。

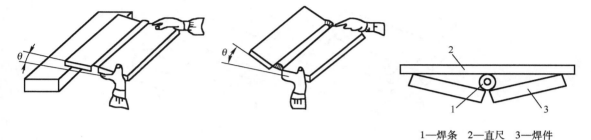

1—焊条　2—直尺　3—焊件

图 5-9　平板定位时预置反变形　　　　图 5-10　反变形量经验测定法

③ 定位焊

采用与焊接试件相同牌号的焊条，将装配好的试件在端部进行定位焊，并在试件反面两端点焊，焊缝长度为 10～15mm。始端可少焊些，终端应多焊一些，以防止在焊接过程中收缩造成未焊段坡口间隙变窄，影响焊接。

（2）焊接要领

12mm 板 V 形坡口平对接焊不采用双面焊接，只从焊缝一面进行焊接，而又要求完全焊透，这种焊接法即为单面焊双面成形技术。单面焊双面成形的主要要求是焊件背面能焊出质量符合要求的焊缝，其关键是正面打底层的焊接。

① 打底焊

焊接从工件间隙小的一端开始，单面焊双面成形的操作方法有两种：连弧焊接法和断弧焊接法。连弧焊接法焊接电流的选择范围较小，对操作技术的要求也较高，因此建议从断弧焊接法开始练习。

◇ 断弧焊法。

断弧法焊接时，电弧时燃时灭，靠调节电弧燃、灭时间的长短来控制熔池温度，焊接参数选择范围较宽，是目前常用的一种打底层焊接方法。

焊接时，选择焊条直径为 3.2mm，焊接电流为 95～105A。首先在定位焊缝上引燃电弧，再将电弧移到坡口根部，以稍长的电弧（约 4mm）在该处摆动 2～3 个来回进行预热。然后立即压低电弧（约 2mm），约 1s 后可听到电弧穿透坡口而发出的"噗噗"声。同时定位焊缝及相接坡口两侧金属开始熔化，并形成熔池。在熔池的前方形成向坡口两侧熔入 1～1.5mm 的熔孔，然后转动手腕使电弧迅速向斜后方抬起而熄灭电弧。此处所形成的熔池是整条焊道的起点，常称为熔池座。

熔池座形成后转入正式焊接。焊接时采用短弧焊，焊条前倾角为 30°～50°，如图 5-11 所示。

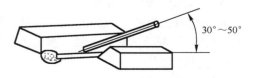

图 5-11　平对接断弧焊接法打底焊的焊条角度

正式焊接引燃电弧的时机应在熔池座金属未完全凝固，熔池中心半熔化时，从护目镜下观察该部分呈黄亮色。在坡口的一侧重新引燃电弧的位置，并盖住熔池座金属的2/3处。电弧引燃后立即向坡口的另一侧运条，在另一侧稍作停顿之后迅速向斜后方提起熄弧，这样便完成了第一个焊点的焊接，运条方法如图5-12所示。

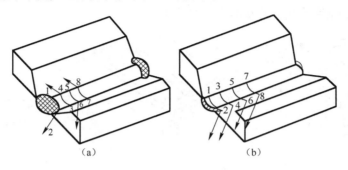

(a)　　　　　　　　(b)

图5-12　平对接断弧焊接法打底焊的运条方法

电弧从开始引燃至熄弧所产生的热量，约2/3用于加热坡口的正面熔池座前沿，并使熔池座前沿两侧产生两个大于装配间隙的熔孔，如图5-13所示。另外1/3的热量透过熔孔加热背面金属，同时将熔滴过渡到坡口的背面。这样贯穿坡口正、反两面的熔滴就与坡口根部及熔池座形成一个穿透坡口的熔池，凝固后形成穿透坡口的焊点。

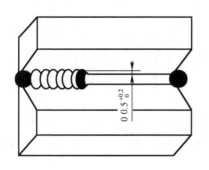

图5-13　熔孔的位置与大小

下一个焊点的操作与第一个焊点相同，每个焊点使焊道前进 1～1.5mm，正、反两面焊道高在 2mm 左右。用断弧焊接法焊接时要注意做到：稳、快、准、穿。

稳——手握焊钳要稳（电弧要稳）。

快——熄弧要快（每次引弧与熄弧速度要快，时间间隔要短，节奏控制在每分钟熄弧 45～55 次）。

准——引弧时眼睛看准引弧部位，且下手要准。

穿——耳朵要听清楚电弧击穿工件的"噗、噗"声，且弧柱的 1/3 要透过工件背面。

单面焊双面成形的焊缝接头是关系反面成形质量好坏的一个重要因素，必须引起足够重视。焊接时最好采用热接法，在焊条还剩下约30～40mm 时即压低电弧并向熔池一侧连续过渡几颗熔滴，填满背面熔池，使反面焊缝饱满，防止形成缩孔；然后迅速熄灭电弧，更换焊条，在弧坑后面约10mm 处的坡口内引弧；当运条到弧坑根部时，增加焊条后倾角，同时将焊条顺着原先熔孔，向坡口根部顶一下，听到"噗噗"声后，稍作停顿并恢复正常手法焊接。如果采用冷接法，在弧坑冷却后，用砂轮或扁铲在收弧处打磨出一个 10～15mm 的斜坡，并在斜坡上引弧、预热，使弧坑温度逐步升高，然后将焊条顺着原先的熔孔迅速下压，听到"噗噗"声后，稍作停顿并恢复正常手法焊接。

◇ 连弧焊法。

用连弧法进行打底层焊接时，电弧连续燃烧，采取较小的根部间隙，选用较小的焊接电流。焊接时电弧始终处于燃烧状态并做有规则的摆动，使熔滴均匀过渡到熔池。连弧法背面成形较好，热影响区分布均匀，焊接质量较高，是目前推广使用的一种打底层焊接方法。

焊接时，选取焊条直径为 φ3.2mm，焊接电流为 80~90A，从一端施焊，在定位焊缝上引弧后，在坡口内侧可采用与月牙形相仿的运条方式，如图 5-14 所示。

电弧从坡口一侧到另一侧作一次运条后，即完成一个焊点的焊接。焊条摆动节奏为每分钟完成约 50 个焊点，逐个重合约 2/3，一个焊点使焊道前进约 1.5mm，焊接中熔孔明显可见，坡口根部熔化缺口约 1mm，电弧穿透坡口的"噗噗"声非常清楚。

接头时，在弧坑后 10mm 处引弧，然后以正常速度运条至熔池的 1/2 处，将焊条下压击穿熔池，再将焊条提起 1~2mm，在熔化熔孔前沿的同时向前运条施焊。连弧焊法的焊条角度如图 5-15 所示。

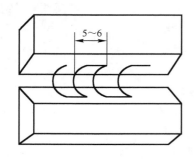

图 5-14 连弧法运条方式

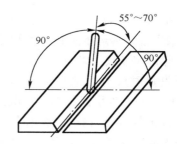

图 5-15 连弧焊接法打底焊的焊条角度

收弧时，应缓慢将焊条向左或右后方带一下，随后即收弧，这样可避免在弧坑表面产生冷缩孔。

② 填充焊

填充焊前应对前一层焊缝仔细清渣，特别是对死角更要清理干净。填充焊的运条方法为月牙形或锯齿形，填充焊的焊条角度如图 5-16 所示。

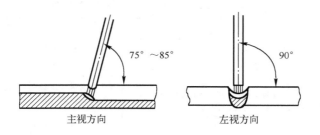

图 5-16 填充焊时的焊条角度

填充焊时应注意以下几点：

◇ 控制好焊道两侧的熔合情况。填充焊时，焊条摆幅加大，在坡口两侧停留时间比打底焊时稍长些，保证两侧有一定的熔深，使填充焊道稍向下凹。

◇ 控制好最后一道填充焊缝的高度和位置。填充焊缝的高度应低于母材 0.5~1.5mm，最好呈凹形，要注意不能熔化坡口两侧的棱边，以便于盖面层焊接时能看清坡口，为盖面层焊接打好基础。

◇ 各填充层焊接时其焊缝接头应错开，接头方法如图 5-17 所示。

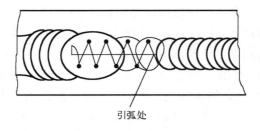

引弧处

图 5-17 填充焊焊缝接头方法

③ 盖面焊

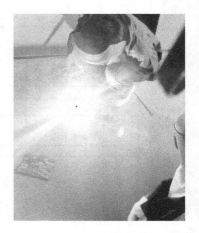

采用 $\phi4.0mm$ 的焊条时，焊接电流应稍小一点；要使熔池形状和大小保持均匀一致，焊条与焊接方向夹角应保持 75°左右；采用月牙形运条法和 8 字形运条法；焊条摆动到坡口边缘时应稍作停顿，以免产生咬边。

更换焊条收弧时应对熔池稍填熔滴，迅速更换焊条，并在弧坑前 10mm 左右处引弧，然后将电弧退至弧坑的 2/3 处，填满弧坑后正常进行焊接。接头时应注意，若接头位置偏后，则接头部位焊缝余高过高；若偏前，则焊道脱节。焊接时应注意保证熔池边沿不得超过表面坡口棱边 2mm；否则，焊缝超宽。盖面层的收弧采用划圈法和回焊法，最后填满弧坑使焊缝平滑，如图 5-18 所示是在进行钢板平对接焊的实际操作。

图 5-18 平焊操作

（3）焊接缺陷

焊接时易出现的缺陷及排除方法见表 5-8。

表 5-8 焊接时易出现的缺陷及排除方法

缺陷名称	产 生 原 因	排 除 方 法
焊缝接头不良	1. 更换焊条时间过长 2. 收弧方法不当	1. 快速更换焊条 2. 将收弧处打磨成缓坡状
背面焊瘤、未焊透	1. 运条不当 2. 打底焊时，熔孔尺寸过大出现焊瘤；或熔孔尺寸过小出现未焊透	1. 控制好运条时在坡口两侧停留的时间 2. 控制熔孔尺寸
咬边	1. 焊接电流过大 2. 运条动作不当 3. 焊条角度不当	1. 适当减小焊接电流 2. 焊条至坡口两侧时稍作停留 3. 控制各层焊接时的焊条角度

模块 4 　平角接焊技能训练

 训练目的

① 训练角焊缝的焊接技能，训练对运条角度的掌握。

②要求焊缝为凹形角焊缝，焊缝表面平整。

操作前准备

（1）焊件准备

①Q235低碳钢板，尺寸为250mm×100mm×4mm。

②用砂布或钢丝刷、砂纸打磨焊件的待焊处，直至露出金属光泽。

（2）焊接材料

酸性焊条E4303（J422），规格ϕ3.2mm。

（3）焊接设备和工具

①焊机BXl—300或ZX7—300。

②工具：电焊防护面罩、敲渣锤、钢丝刷、錾子等。

（4）角焊缝参数

角焊缝根据外部形状不同，可分为凸形角焊缝和凹形角焊缝两大类。角焊缝的形状和尺寸一般用以下几个参数表示。

①焊脚

焊脚是指在角焊缝的横截面中，从一个焊件的焊趾到另一个焊件表面的最小距离。所谓焊脚尺寸指在一个角焊缝横截面中画出的最大等腰三角形中直角边的长度。对于凸形角焊缝，焊脚尺寸等于焊脚；对于凹形角焊缝，焊脚尺寸小于焊脚，如图5-19所示。

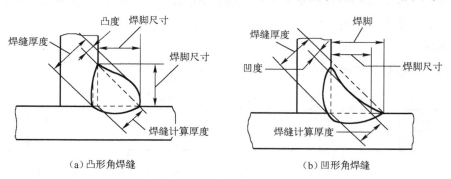

（a）凸形角焊缝　　　　　　　（b）凹形角焊缝

图5-19　角焊缝的形状

②角焊缝计算厚度

角焊缝计算厚度指在角焊缝横截面内画出的最大直角等腰三角形中，从直角的顶点到斜边的垂线长度。如果角焊缝的断面是标准的直角等腰三角形，那么焊缝计算厚度等于焊缝厚度；在凸形或凹形角焊缝中，焊缝计算厚度均小于焊缝厚度。

③角焊缝凸度

角焊缝凸度指在凸形角焊缝的横截面中，焊趾连线与焊缝表面之间的最大距离，如图5-19（a）所示。

④角焊缝凹度

角焊缝凹度指在凹形角焊缝的横截面中，焊趾连线与焊缝表面之间的最大距离，如图5-19（b)所示。这种形状由于是圆滑过渡，应力集中最小，可提高焊件的承载力。

对焊后角变形有严格要求时，焊件焊前预留一定的变形量，即采用反变形法，如图5-20所示，使焊后焊件变形最小。也可在焊件不施焊的一侧用圆钢、角铁等采用定位焊临时固定，如图5-21所示，待焊件全部焊完后再去掉。

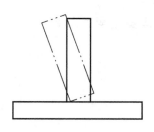

图5-20　反变形法图

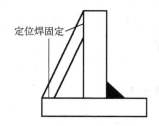

图5-21　定位焊临时固定示意图

 操作过程

（1）装配与定位焊

装配要求

装配定位焊时，不可留间隙。

定位焊

定位焊时，在工件两端定位焊缝长度为20mm左右。焊接前应检查焊件接口处是否因定位焊而变形，如变形已影响接口处齐平，应进行矫正。

（2）焊接

焊脚尺寸一般随焊件厚度的增大而增加，见表5-9。

表5-9　焊脚尺寸与钢板厚度的关系

钢板厚度（mm）	≥2～3	>3～6	>6～9	>9～12	>12～16	>16～23
最小焊脚尺寸（mm）	2	3	4	5	6	8

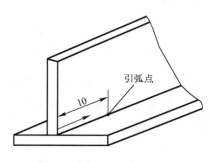

图5-22　平角焊起头的引弧点

由于板料厚度为12mm，故焊脚尺寸采用5～8mm，并采用单层焊。

焊接时，引弧点的位置如图5-22所示。由于电弧对起头处有预热作用，因此可减少焊接缺陷，也可以清除引弧的痕迹。

进行单层焊时，根据焊件厚度可选择直径为3.2mm的焊条，角接平焊焊接参数见表5-10。操作时，焊条应保持焊条角度与水平焊件成45°夹角、与焊接方向成65°～85°夹角，如图5-23所示。如果角度太小，会造成根部熔深不足；角度过大，熔渣容易跑到熔池前面而造成夹渣。运条时，采用直线形，短弧焊接。

表 5-10　角接平角焊焊接参数

焊条直径（mm）	焊接电流（A）	电弧电压（V）
3.2	100~120	22~24

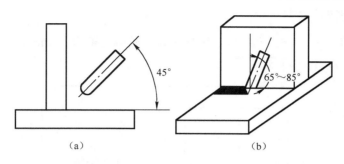

图 5-23　T 型接头角焊时的焊条角度

焊接时还可采用斜圆圈形或斜锯齿形运条方法，但运条必须有规律，不然容易产生咬边、夹渣、边缘熔合不良等缺陷。斜圆圈形运条方法如图 5-24 所示。由 a→b 要慢，以保证水平焊件的熔深；由 b→c 稍快，以防熔化金属下淌；在 c 处稍作停留，以保证垂直焊件的熔深，避免咬边；由 c→d 稍慢，以保证根部焊透及水平焊件的焊深，防止夹渣；由 d→e 稍快，到 e 处稍作停留。按上述规律用短弧反复练习，并且注意收尾时填满弧坑，就能获得良好的焊接质量。

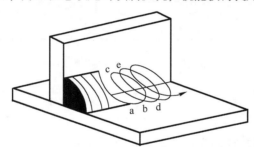

图 5-24　平角焊时的斜圆圈形运条方法

模块 5　立对接焊技能训练

立焊指焊缝倾角 90°（立向上）或 270°（立向下）时的焊接。立焊时熔池金属和熔渣受重力等作用下坠，因其流动性不同容易分离。熔池温度过高或体积过大时，液态金属易下淌形成焊瘤，使焊缝成形困难，焊缝不如平焊时美观。

当板厚小于 6mm 时，一般采用不开坡口（I 形坡口）对接立焊。当板厚大于 6mm 时，为保证焊透应采用 V 形或 X 形等坡口形式进行多层焊。

 操作前准备

（1）焊件的准备

板料 2 块，材料为 Q235A 钢，板料的尺寸为 300mm×100mm×12mm，开 60°V 形坡口。

② 矫平。

③ 清理坡口及坡口两侧各 20mm 范围内的油污、铁锈、水分及其他污染物，直至露出金属光泽，并清除毛刺。

（2）焊件装配技术要求

① 修磨钝边 0.5～1mm，无毛刺。装配平整，始端间隙为 3.2mm，末端间隙为 4.0mm，错边量≤1.2mm，如图 5-25 所示。

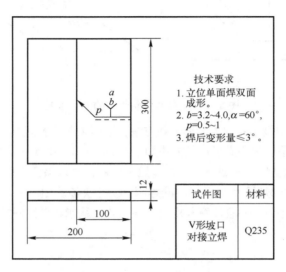

技术要求
1. 立位单面焊双面成形。
2. b=3.2～4.0, α=60°, p=0.5～1。
3. 焊后变形量≤3°。

试件图	材料
V形坡口对接立焊	Q235

图 5-25　V 形坡口平对接焊试件图

② 预留反变形量≤3°。

（3）焊接材料

选择 E4303 焊条，焊条直径分别为 3.2mm 和 4.0mm。

（4）焊接设备

焊机 ZX7—400

 操作过程

（1）定位焊

定位焊采用 ϕ3.2mm 的焊条，在试件正面距两端 20mm 之内进行，焊缝长度为 10～15mm。

（2）焊接

对接立焊是指对接接头有焊件处于立焊位置时的操作，如图 5-26 所示。生产中常由下向上施焊。

在本训练中，由于焊件较厚，故采用多层焊。层数多少要根据焊件厚度决定。例如，本训练中焊接层数为 4 层，应注意每一层焊道的成形。如果焊道不平整，中间高、两侧很低，甚至形成尖角，则不仅给清渣带来困难，而且会因成形不良而造成夹渣、未焊透等缺陷。焊接参数见表 5-11。

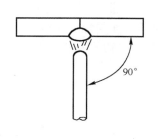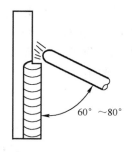

图 5-26 立对接焊操作

表 5-11 V 形坡口立对接焊接参数

焊 接 层 数	焊条直径（mm）	焊接电流（A）	电弧电压（V）
打底层	3.2	90 ~ 110	22 ~ 24
填充层（1、2）	4.0	100 ~ 120	22 ~ 26
盖面层	4.0	100 ~ 110	22 ~ 24

① 打底层的焊接

打底层焊道就是正面第 1 层焊道，焊接时应选用直径为 3.2mm 的焊条。根据间隙大小，灵活运用操作手法。如果为使根部焊透，而背面又不致产生塌陷，这时在熔池上方要熔穿一个小孔，其直径等于或稍大于焊条直径。不论采用小月牙形、锯齿形或跳弧焊法中的哪一种运条法，如果运条到焊道中间时不加快运条速度，熔化金属就会下淌，使焊道外观不美观。当中间运条过慢而造成金属下淌后，形成凸形焊道，如图 5-27（a）所示，会导致施焊下一层焊道时产生未焊透和夹渣。

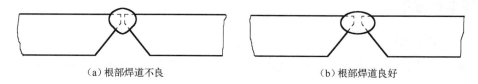

（a）根部焊道不良　　　　　　　　　　　　（b）根部焊道良好

图 5-27 开坡口立对接焊的打底层焊道

② 填充层的焊接

首先对打底焊缝仔细清渣，应特别注意对死角处的焊渣的清理。采用横向锯齿形或月牙形运条法，焊条摆动到两侧坡口处要稍作停顿，以利于熔合及排渣，并防止焊缝两边产生死角，如图 5-28 所示。运条时，焊条与试件的下倾角为 70°~80°。第 2 层填充层焊接一方面要使各层焊道凸凹不平的成形在这一层得到调整，为焊好表面层打好基础；另一方面，这层焊道一般应低于焊件表面 1mm 左右，而且焊道中间应有些下凹，以保证表层焊缝成形美观。

③ 表面层的焊接

表面层焊缝即多层焊的最外层焊缝，应满足焊缝外形尺寸的要求。运条方法可根据对焊缝余高的不同要求加以选择。如要求余高稍大时，焊条可做月牙形摆动；如要求余高较小时，焊条可作锯齿形摆动。注意运条速度要均匀，摆动要有规律，如图 5-29 所示。运条到

a、b点时，应将电弧进一步缩短并稍做停留，这样才能有利于熔滴的过渡及防止咬边。从a摆到b点时，应稍快些，以防止产生焊瘤。有时候表面层焊缝也可采用较大电流，在运条时采用短弧，使焊条末端紧靠熔池快速摆动，并在坡口边缘稍做停留，这样表层焊缝不仅较薄，而且焊波较细，平整美观。

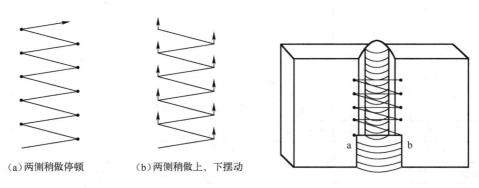

(a)两侧稍做停顿　　(b)两侧稍做上、下摆动

图5-28　锯齿形运条法示意图　　　　图5-29　开坡口立对接焊的表层运条法

模块6　横对接焊技能训练

横对接焊指在焊缝倾角为0°或180°、焊缝转角为0°或180°的对接位置的焊接。横焊时，焊条熔滴受重力等影响容易偏离焊条轴线，熔池金属受重力等影响容易下坠，甚至流淌至下坡口面，造成未熔合及夹渣等缺陷。

 操作前准备

（1）焊件的准备

① 板料2块，材料为16Mn钢，每块板料的尺寸为300mm×100mm×10mm，开60°V形坡口。

② 矫平。

③ 清理坡口及坡口两侧各20mm范围内的油污、铁锈、水分及其他污染物，直至露出金属光泽，并清除毛刺。

（2）焊件装配技术要求

V型坡口横焊试件图如图5-30所示。

① 装配平整。

② 预留反变形。

（3）焊接材料

选择E5015焊条，焊条直径为3.2mm。

（4）焊接设备

焊机ZX7—400

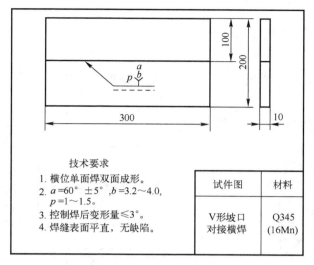

图 5-30　V 形坡口横焊试件图

 操作过程

（1）装配与定位焊

① 装配要求见表 5-12。

表 5-12　试板装配尺寸

坡口角度（°）	装配间隙（mm）	钝边（mm）	反变形（°）	错边量（mm）
60	始焊端 3.2 终焊端 4.0	1~1.5	4~5	≤1.2

② 定位焊

定位焊采用 $\phi 3.2mm$ 的焊条，在试件反面距两端 20mm 之内进行，焊缝长度为 10 ~15mm。

（2）焊接

在横焊时，熔化金属在自重作用下易下淌，在焊缝上侧易产生咬边，下侧易产生下坠或焊瘤等缺陷。因此，要选用较小直径的焊条、小的焊接电流，采用多层多道焊、短弧操作。焊接参数见表 5-13。

表 5-13　V 形坡口对接横焊焊接参数

焊接层次	焊条直径（mm）	焊接电流（A）	电弧电压（V）
打底焊 第1层（1）		90~110	22~24
填充焊 第2层（2） 第3层（3、4）	3.2	100~120	22~26
盖面焊 第4层（5、6、7）		100~110	22~24

① 焊道分布

单面焊,4层7道,如图5-31所示。

② 焊接位置

试板固定在垂直面上,焊缝在水平位置,间隙小的一端放在左侧。

③ 打底焊

打底层横焊时的焊条角度,如图5-32所示。

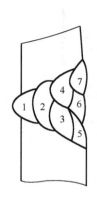
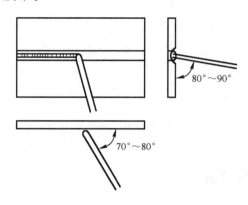

图5-31 平板对接横焊焊道分布　　　　图5-32 平板对接横焊时的焊条角度

焊接时在始焊端的定位焊缝处引弧,稍作停顿预热。然后上下摆动向右施焊,待电弧到达定位焊缝的前沿时,将焊条向试件背面压,同时稍停顿。这时可以看到试板坡口根部被熔化并击穿,形成了熔孔,此时焊条可上下作锯齿形摆动,如图5-33所示。

为保证打底焊道获得良好的背面焊缝,要控制电弧短些。焊条摆动,向前移动的距离不宜过大。焊条在坡口两侧停留时要注意,上坡口停留的时间要稍长。焊接电弧的1/3保持在熔池前,用来熔化和击穿坡口的根部。电弧的2/3覆盖在熔池上并保持熔池的形状和大小基本一致,此外还应控制熔孔的大小,使上坡口面熔化1~1.5mm,下坡口面熔化约0.5mm,保证坡口根部熔合好,如图5-34所示。在施焊时,若下坡口面熔化太多,试板背面焊道易出现下坠或产生焊瘤。

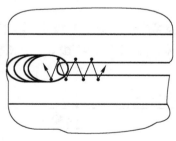
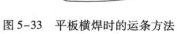
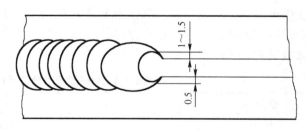

图5-33 平板横焊时的运条方法　　　　图5-34 平板横焊时的熔孔

收弧的方法是,当焊条即将焊完,需要更换焊条而收弧时,将焊条向焊接的反方向拉回1~1.5mm,并逐渐抬起焊条,使电弧迅速拉长,直至熄灭。这样可以把收弧缩孔消除或带到焊道表面,以便在下一根焊条焊接时将其熔化掉。

④ 填充焊

在焊填充层时，必须保证熔合良好，防止产生未熔合及夹渣。

填充层在施焊前，先将打底层的焊渣及飞溅清除干净，焊缝接头过高的部分应打磨平整，然后进行填充层焊接。第1层填充焊道为单层单道，焊条的角度与打底层相同，但摆幅稍大些。

焊第1层填充焊道时，必须保证打底焊道表面及上下坡口面处熔合良好，焊道表面平整。

第2层填充焊有两条焊道，焊条角度如图5-35所示。

焊第2层下面的填充焊道时，电弧对准第1层填充焊道的下沿，并稍摆动，使熔池能压住第2层焊道的1/2～2/3。

焊第2层上面的填充焊道时，在电弧对准第1层填充焊道的上沿时稍摆动，使熔池正好填满空余位置，使表面平整。

当填充层焊缝焊完后，其焊炬（或焊道边缘）应距下坡口的边缘约2mm，距上坡口约0.5mm，不要破坏坡口两侧棱边，为盖面层施焊打好基础。

⑤盖面焊

在盖面层施焊时，焊条与试件的角度如图5-36所示。焊条与焊接方向的角度与打底焊相同，盖面层焊缝共3道，依次从下向上焊接。

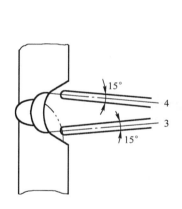

图5-35　焊第2层焊道时的焊条的角度

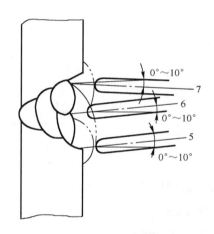

图5-36　盖面焊道的焊条角度

在焊盖面层时，焊条摆幅和焊接速度要均匀，并采用较短的电弧，每条盖面焊道要压住前一条填充焊道的2/3。

在焊接最下面的盖面焊道时，要注意观察试板坡口下边的熔化情况，保持坡口边缘均匀熔化，并避免产生咬边、未熔合等现象。

在焊中间的盖面焊道时，要控制电弧的位置，使熔池的下沿在上一条盖面焊道的1/3～2/3处。

上面的盖面焊道是接头的最后一条焊道，操作不当容易产生咬边，熔化金属下淌。在施焊时，应适当增大焊接速度或减小焊接电流，将熔化金属液均匀地熔合在坡口的上边缘。适当地调整运条速度和焊条角度，避免熔化金属液下淌、产生咬边，以得到整齐、美观的焊缝。

模块 7　管水平转动对接焊技能训练

 操作前准备

（1）焊件的准备

① 20 钢管两根，每根壁厚 3.5mm，直径 57mm，长 200mm，60°±5°V 形坡口。

② 矫平。

③ 清理坡口及坡口两侧各 20mm 范围内的油污、铁锈、水分及其他污染物，直至露出金属光泽，并清除毛刺。

（2）焊件装配技术要求

① 钝边 0.5~1mm，无毛刺，错边量≤0.5mm。

② 装配间隙为 2.0~2.5mm，上部（平焊位）为 2.5mm，下部（仰焊位）为 2.0mm，放大上半部间隙作为焊接时焊缝的收缩量，如图 5-37 所示。

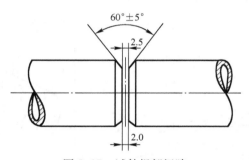

图 5-37　试件根部间隙

（3）焊接材料

焊条 E4303，焊条直径为 2.5mm。

（4）焊接设备

焊机 ZX7—400

操作过程

对于管段、法兰等可拆的、重量不大的焊件，可以应用转动焊接法。

（1）对口及定位焊

最好不采取在坡口内直接定位的方式，而用钢筋或适当尺寸的小钢板在管子外壁进行定位焊。

（2）焊接要点

对转动管子施焊（如图 5-38 所示）时，为了使根

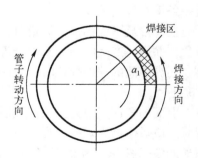

图 5-38　管子转动焊接

部容易焊透，一般在立焊部位焊接。为保证坡口两侧充分熔合，运条时可做适当横向摆动。由于管件可以转动，焊条不做向前运条，水平转动管焊接参数见表5-14。

表5-14　水平转动管焊焊接参数

焊 接 层 次	焊条直径（mm）	焊接电流（A）	电弧电压（V）
打底焊	2.5	75 ~ 80	22 ~ 26
盖面焊	2.5	70 ~ 75	22 ~ 26

模块8　综合训练项目评分标准

1. 平对接焊

平对接焊的评分标准见表5-15。

表5-15　平对接焊的评分标准

考核项目	考核内容	考核要求	配分	评分要求
安全文明生产	能正确执行安全技术操作规程	按达到规定的标准程度评定	5	根据现场纪律，视违反规定程度扣1 ~ 5分
	按有关文明生产的规定，做到工作地面整洁、工件和工具摆放整齐	按达到规定的标准程度评定	5	根据现场纪律，视违反规定程度扣1 ~ 5分
主要项目	焊缝的外形尺寸	焊缝余高0 ~ 3mm，余高差≤2mm。焊缝宽度比坡口每增宽0.5 ~ 2.5mm，宽度差≤3mm	10	有一项不符合要求扣2分
		焊后角变形0° ~ 3°，焊缝的错位量≤1.2mm	10	焊后角变形 >3°扣3分；焊缝的错位量 >1.2mm扣2分
	焊缝表面成形	波纹均匀、焊缝平直	10	视波纹不均匀、焊缝不平直扣1 ~ 10分
	焊缝的外观质量	焊缝表面无气孔、夹渣、焊瘤、裂纹、未熔合	10	焊缝表面有气孔、夹渣、焊瘤、裂纹、未熔合其中一项扣10分
		焊缝咬边深度≤0.5mm；焊缝两侧咬边累计总长不超过焊缝有效长度范围内的40mm	10	焊缝两侧咬边累计总长每5mm扣1分，咬边深度 >0.5mm或累计总长 >40mm此项不得分
		未焊透深度≤1.5mm；总长不超过焊缝有效长度范围内的26mm	10	未焊透累计总长每5mm扣2分，未焊透深度 >1.5mm或累计总长 >26mm，此焊件按不及格论
		背面焊缝凹坑≤2mm；总长不超过焊缝有效长度范围内的26mm	10	背面焊缝凹坑累计总长每5mm扣2分，凹坑深度 >2mm或累计总长 >26mm，此项不得分
	焊缝的内部质量	按 GB/T3323—2005 标准对焊缝进行 X 射线检测	20	Ⅰ级片不扣分；Ⅱ级片扣5分；Ⅲ级片扣10分，Ⅳ级片以下为不及格

2. 平角接焊

平角接焊的评分标准见表5-16。

表5-16 平角焊的评分标准

考核项目	考核内容	考核要求	配分	评分要求
安全文明生产	能正确执行安全技术操作规程	按达到规定的标准程度评定	5	根据现场纪律,视违反规定程度扣1~5分
	按有关文明生产的规定,做到工作地面整洁、工件和工具摆放整齐	按达到规定的标准程度评定	5	根据现场纪律,视违反规定程度扣1~5分
主要项目	焊缝的外形尺寸	焊脚尺寸5~8mm	10	超差0.5mm扣2分
		两板之间夹角88°~92°	10	超差1°扣3分
		焊接接头脱节≤2mm	10	超差0.5mm扣2分
		焊脚两边尺寸差≤2mm	10	超差0.5mm扣2分
		焊后角变形0°~3°	10	超差1°扣2分
	焊缝的外观质量	焊缝表面无未焊透、气孔、裂纹、夹渣、焊瘤	10	焊缝表面有气孔、裂纹、夹渣、焊瘤和未焊透其中一项扣10分
		焊缝咬边深度≤0.5mm;焊缝两侧咬边累计总长不超过焊缝有效长度范围内的40mm	10	焊缝两侧咬边累计总长每5mm扣1分,咬边深度>0.5mm或累计总长>40mm此项不得分
		背面焊缝无凹坑	10	凹坑深度≤2mm,每长5mm扣2分;凹坑深度>2mm,扣5分
	焊缝表面成形	波纹均匀、焊缝平直	10	视波纹不均匀、焊缝不平直扣1~10分

3. 立对接焊评分标准

立对接焊的评分标准见表5-17。

表5-17 立对接焊的评分标准

考核项目	考核内容	考核要求	配分	评分要求
安全文明生产	能正确执行安全技术操作规程	按达到规定的标准程度评定	5	根据现场纪律,视违反规定程度扣1~5分
	按有关文明生产的规定,做到工作地面整洁、工件和工具摆放整齐	按达到规定的标准程度评定	5	根据现场纪律,视违反规定程度扣1~5分
主要项目	焊缝的外形尺寸	焊缝余高0~4mm,余高差≤3mm。焊缝宽度比坡口每增宽0.5~2.5mm,宽度差≤3mm	10	有一项不符合要求扣3分
		焊后角变形0°~3°,焊缝的错位量≤1.2mm	10	焊后角变形>3°扣3分;焊缝的错位量>1.2mm扣2分
	焊缝表面成形	波纹均匀、焊缝平直	10	视波纹不均匀、焊缝不平直扣1~10分

考核项目	考核内容	考核要求	配　分	评分要求
主要项目	焊缝的外观质量	焊缝表面无气孔、夹渣、焊瘤、裂纹、未熔合	10	焊缝表面有气孔、夹渣、焊瘤、裂纹、未熔合其中一项扣10分
		焊缝咬边深度≤0.5mm；焊缝两侧咬边累计总长不超过焊缝有效长度范围内的40mm	10	焊缝两侧咬边累计总长每5mm扣1分，咬边深度>0.5mm或累计总长>40mm此项不得分
		未焊透深度≤1.5mm；总长不超过焊缝有效长度范围内的26mm	10	未焊透累计总长每5mm扣2分，未焊透深度>1.5mm或累计总长>26mm，此焊件按不及格论
		背面焊缝凹坑≤2mm；总长不超过焊缝有效长度范围内的26mm	10	背面焊缝凹坑累计总长每5mm扣2分，凹坑深度>2mm或累计总长>26mm，此项不得分
	焊缝的内部质量	按GB/T3323—2005标准对焊缝进行X射线检测	20	I级片不扣分；II级片扣5分；III级片扣10分，IV级片以下为不及格

4. 横对接焊评分标准

横对接焊的评分标准见表5-18。

表5-18　横对接焊的评分标准

考核项目	考核内容	考核要求	配　分	评分要求
安全文明生产	能正确执行安全技术操作规程	按达到规定的标准程度评定	5	根据现场纪律，视违反规定程度扣1~5分
	按有关文明生产的规定，做到工作地面整洁、工件和工具摆放整齐	按达到规定的标准程度评定	5	根据现场纪律，视违反规定程度扣1~5分
主要项目	焊缝的外形尺寸	焊缝余高0~4mm，余高差≤3mm。焊缝宽度比坡口每增宽0.5~2.5mm，宽度差≤3mm	25	有一项不符合要求扣3分
		焊后角变形0°~3°，焊缝的错位量≤1.2mm	10	焊后角变形>3°扣6分；焊缝的错位量>1.2mm扣4分
	焊缝表面成形	波纹均匀、焊缝平直	10	视波纹不均匀、焊缝不平直扣1~10分
	焊缝的外观质量	焊缝表面无气孔、夹渣、焊瘤、裂纹、未熔合	10	焊缝表面有气孔、夹渣、焊瘤、裂纹、未熔合其中一项扣10分
		焊缝咬边深度≤0.5mm；焊缝两侧咬边累计总长不超过焊缝有效长度范围内的40mm	15	焊缝两侧咬边累计总长每5mm扣1分，咬边深度>0.5mm或累计总长>40mm此项不得分
	焊缝的内部质量	按GB/T3323—2005标准对焊缝进行X射线检测	20	I级片不扣分；II级片扣5分；III级片扣10分，IV级片以下为不及格

5. **管子对接焊评分标准**

管子对接焊的评分标准见表5-19。

表5-19　管子对接焊的评分标准

考核项目	考核内容	考核要求	配分	评分要求
安全文明生产	能正确执行安全技术操作规程	按达到规定的标准程度评定	5	根据现场纪律，视违反规定程度扣1~5分
	按有关文明生产的规定，做到工作地面整洁、工件和工具摆放整齐	按达到规定的标准程度评定	5	根据现场纪律，视违反规定程度扣1~5分
主要项目	焊缝的外形尺寸	焊缝余高0~4mm，余高差≤3mm。焊缝宽度比坡口每增宽0.5~2.5mm，宽度差≤3mm	10	有一项不符合要求扣分焊脚尺寸不符合要求扣7分；凸、凹度不符合要求扣3分
		焊后角变形≤1mm，焊缝的错位量≤0.5mm	10	焊后角变形>1mm扣6分；焊缝的错位量>0.5mm扣4分
	通球检验	通球直径为49mm	10	通球检验不合格，此项不得分
	焊缝的外观质量	波纹均匀、焊缝平直	10	视波纹不均匀、焊缝不平直扣1~10分
		焊缝表面无气孔、夹渣、焊瘤、裂纹、未熔合	10	焊缝表面有气孔、夹渣、焊瘤、裂纹、未熔合其中一项扣10分
		焊缝咬边深度≤0.5mm；焊缝两侧咬边累计总长不超过焊缝有效长度范围内的26mm	10	焊缝两侧咬边累计总长每5mm扣1分，咬边深度>0.5mm或累计总长>26mm此项不得分
		背面焊缝凹坑≤1mm；总长不超过焊缝有效长度范围内的13mm	10	背面焊缝凹坑累计总长每5mm扣2分，凹坑深度>1mm或累计总长>13mm，此项不得分
	焊缝的内部质量	按GB/T3323—2005标准对焊缝进行X射线检测	20	Ⅰ级片不扣分；Ⅱ级片扣5分；Ⅲ级片扣10分，Ⅳ片以下为不及格

 复习与思考

一、判断题

1. （　　）常用的焊接接头形式主要有对接接头、角接接去、T形接头、搭接接头等。
2. （　　）搭接接头受力状况好，应力集中较小，是比较理想的接头形式。
3. （　　）钝边的作用在于打底焊接时能保证根部焊透。
4. （　　）焊缝形状系数过小的焊缝宽而浅，不易产生结晶裂纹。
5. （　　）电焊机必须装有独立的专用电源开关，当焊机超负荷时，应能自动切断电源。

二、单项选择题

1. 从受力角度看，哪种接头受力状况好，应力集中较小，是比较理想的接头形式？（　　）

    A. 对接接头　　　　　B. 角接接头　　　　　C. T形接头　　　　　D. 搭接接头

2. 采用哪种坡口形式工件焊后的残余变形较小？（　　）

    A. Y形　　　　　　　B. V形　　　　　　　C. X形　　　　　　　D. U形

3. 焊条电弧焊Y形坡口的坡口角度一般为（　　）。

    A. 30°　　　　　　　B. 60°　　　　　　　C. 80°　　　　　　　D. 90°

4. 过低的焊接速度会产生（　　）等缺陷。

    A. 未焊透　　　　　　B. 咬边　　　　　　　C. 气孔　　　　　　　D. 烧穿

5. 厚度12mm钢板对接，采用焊条电弧焊立焊单面焊双面成型时，预置反变形量一般为（　　）。

    A. 0°~1°　　　　　　B. 3°~4°　　　　　　C. 5°~6°　　　　　　D. 7°~8°

三、问答题

1. 举例说明平角接焊时的运条方法。

2. 如何防止角焊缝咬边？

3. 什么是单面焊双面成形？

4. 如何进行V形坡口的对接平焊？

5. 对接立焊时有哪些困难？

6. 横焊时容易出现哪些缺陷？如何防止？

 # 附 录 其他焊接技能简介

不同的焊接方法具有不尽相同的焊接设备和焊接工艺，随着焊接领域的发展与进步，焊接新工艺、新技术和新方法不断出现并应用到生产实际中。

本单元主要针对目前应用较为广泛的二氧化碳（CO_2）气体保护焊、氩气（Ar）气体保护焊、埋弧焊，以及机器人焊接技术做简单的介绍。

模块 1 二氧化碳焊技能训练

气体保护电弧焊（简称气保焊）是用外加气体作为电弧介质并保护电弧和焊接区域的电弧焊方法。二氧化碳气体保护焊是用二氧化碳（CO_2）作为保护气体，依靠焊丝与焊件之间产生的电弧来熔化金属的气体保护焊方法，简称 CO_2 焊。

CO_2 焊的焊接过程如图 1 所示。焊接电源的两输出端分别接在焊枪与焊件上。盘状焊丝

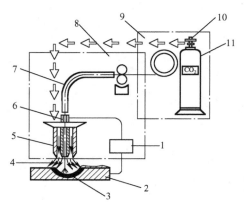

1—焊接电源 2—焊件 3—熔池 4—保护气体 5—气体喷嘴 6—导电嘴
7—软管 8—送丝机 9—焊丝盘 10—气体流量计 11—CO_2 气瓶

图 1 CO_2 焊焊接过程示意图

由送丝机构带动，经软管与导电嘴不断向电弧区域送给，同时，CO_2 气体以一定的压力和流量进人焊枪，通过喷嘴后，形成一股保护气流，使熔池和电弧与空气隔绝。随着焊枪的移动，熔池金属冷却凝固形成焊缝。

（1）CO_2 焊的特点及应用

① CO_2 焊的优点

◇ 生产效率高。采用 CO_2 焊时，电弧热量集中，焊丝的熔化效率高，母材的熔透深度大，焊接速度高；焊后没有焊渣，特别是进行多层焊时，减少了清渣的时间，因此提高了生产效率（是焊条电弧焊的 24 倍）。

◇ 焊接成本低。CO_2 气体便宜，电能和焊接材料消耗少，对焊前生产准备要求低，焊后清渣和校正所需的工时也少，焊接成本只有埋弧焊和焊条电弧焊的 40% 左右。

◇ 焊接变形小。由于电弧热量集中，加上 CO_2 气体的冷却作用，焊件受热面积小，因此，焊后变形小，这在薄板焊接时较为突出。

◇ 抗锈能力强。由于在 CO_2 焊过程中 CO_2 气体的分解，造成氧化性强，降低了对油、锈的敏感性。所以，焊前对工件表面除锈要求较低，可节省生产中的辅助时间。

◇ 焊接质量高，抗裂性能好。CO_2 气体在高温中分解出氧，氧与氢结合能力比较强，从而 CO_2 焊焊缝含氢量比其他焊接方法都低，提高了焊接接头的抗冷裂纹的能力。

② CO_2 焊的缺点

◇ CO_2 焊具有氧化性，合金元素烧损较严重。

◇ 飞溅多，且飞溅经常黏在喷嘴上，阻碍气流喷出，影响保护效果。

◇ 焊缝成形较差，焊接设备较复杂。

（2）CO_2 焊的应用

CO_2 焊已广泛用于焊接低碳钢、低合金钢及低合金高强钢，在某些情况下，还可以焊接耐热钢、不锈钢或用于堆焊耐磨零件及焊补铸钢件和铸铁件等。如图 2 所示是生产现场工人在进行 CO_2 焊操作。

（3）CO_2 焊设备

CO_2 焊按操作方法可分为自动焊和半自动焊两种，按采用的焊丝直径可分为细丝焊和粗丝焊两种。细丝焊采用的焊丝直径小于 1.6mm，适用于薄板焊接；粗丝焊采用的焊丝直径大于或等于 1.6mm，适用于中厚板的焊接。

半自动 CO_2 焊设备由 4 部分组成，如图 3 所示。

① 焊接电源

具有平特性的直流焊接电源。面板上装有指示灯及调节旋钮等。

② 送丝机构

图 2 CO_2 焊生产操作

图3　半自动 CO_2 焊设备示意图

该机构是送丝的动力，包括机架、送丝电动机、焊丝矫直轮、压紧轮和送丝轮等，还备有装卡焊丝盘、电缆及焊枪的机构。要求送丝机构能均匀输送焊丝。

③ 焊枪

用来传导电流、输送焊丝和保护气体。

④ 供气系统

由气瓶、减压流量调节器及管道等组成。

(4) CO_2 焊用焊接材料

① 气体

工业上使用的瓶装液态 CO_2 气体既经济又方便。按规定钢瓶主体喷成蓝色，用黑漆标明"二氧化碳"字样。容量为40L的标准钢瓶，可灌入25kg液态的 CO_2，约占钢瓶容积的80%，其余20%的空间充满了 CO_2 气体，气瓶压力表上指示的就是这部分气体的饱和压力，它的值与环境温度有关。温度高时，饱和气压增加；温度降低时，饱和气压降低。0℃时，饱和气压为3.63MPa；20℃时，饱和气压为5.72MPa；30℃时，饱和气压为7.48MPa。因此严禁 CO_2 气瓶靠近热源或烈日曝晒，以免发生爆炸事故。当气瓶内的液态 CO_2 全部挥发成气体后，气瓶内的压力才逐渐下降。

CO_2 气体的纯度对焊缝金属的致密性和塑性有很大的影响。CO_2 气体中的主要杂质是水分和氮气。氮气一般含量较少，危害较小；而水分则危害较大，随着 CO_2 气体中水分的增加，焊缝金属中的扩散氢含量也增加，焊缝金属的塑性变差，容易出现气孔，还可能产生冷裂纹。根据 GB/T 6052—1993 规定，焊接用 CO_2 气体的纯度应不低于99.5%（体积分数），其水含量不超过0.005%（质量分数）。

② 焊丝

实芯焊丝

CO_2 是一种氧化性气体，在电弧高温区分解为一氧化碳和氧气，具有强烈的氧化作用，能使合金元素烧损，容易产生气孔及飞溅。为了防止气孔，减小飞溅和保证焊缝具有良好的力学性能，要求焊丝中含有足够的合金元素。若用碳脱氧，将产生气孔及飞溅，故应限制焊

丝中 $\omega(C) < 0.1\%$。若仅用硅脱氧，将产生高熔点的 SiO_2，不易浮出熔池，容易引起夹渣；若仅用锰脱氧，生成的氧化锰密度大，不易浮出熔池，也容易引起夹渣；若用硅和锰联合脱氧，并保持适当的比例，则硅和锰的氧化物形成硅酸锰盐，它的密度小、黏度小，容易从熔池中浮出，不易产生夹渣。因此 CO_2 焊用焊丝都含有较高的硅和锰。

CO_2 焊常用的两种焊丝的牌号及化学成分见表1。

表1 CO_2 焊用焊丝的牌号及化学成分

焊丝牌号	化学成分					其他	
	C	Mn	Si	Cr	Ni	S	P
H08Mn2SiA	≤0.11	1.8~2.1	0.65~0.95	≤0.20	≤0.30	0.03	0.03
H08Mn2Si		1.7~2.1				0.04	0.04

药芯焊丝

药芯焊丝是用薄钢带卷成圆形或异形管，在其管中填上一定成分的药粉，经拉制而成的焊丝，通过调整药粉的成分和比例，可获得不同性能、不同用途的焊丝。目前国内许多电焊条生产厂家已开始大批量生产药芯焊丝。

2. CO_2 焊平敷焊技能训练

 操作准备

（1）焊件的准备

① 板料1块，材料为 Q235A 钢，板件的尺寸为 $300mm \times 120mm \times 12mm$，如图4所示。

② 矫平。

③ 清理板件正反两侧各 20mm 范围内的油污、铁锈、水分及其他污染物，至露出金属光泽，并剔除毛刺。

（2）焊接材料

选择 H08Mn2SiA 焊丝，焊丝直径为 $\phi1.0mm$，注意焊丝使用前对焊丝表面进行清理。CO_2 气体纯度要求达到 99.5%。

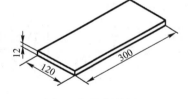

图4 板件备料图

（3）焊接设备

CO_2 焊半自动焊机。

（4）焊接参数

CO_2 焊平敷焊焊接参数见表2。

表2 平敷焊时的焊接参数

焊丝牌号及直径（mm）	焊接电流（A）	电弧电压（V）	焊接速度（m/h）	CO_2 气体流量（L/min）
H08Mn2SiA（$\phi1.0$）	130~140	22~24	18~30	10~12

操作过程

（1）引弧

① 采用直接短路法引弧，引弧前保持焊丝端头与焊件间的距离为 2～3mm（不要接触过紧），喷嘴与焊件间的距离为 10～15mm。

② 按动焊枪开关，引燃电弧。此时焊枪有抬起趋势，因此必须用均衡的力来控制好焊枪，将焊枪向下压，尽量减少焊枪回弹，保持喷嘴与焊件间的距离。

（2）直线焊接

直接焊接形成的焊缝宽度稍窄，焊缝偏高，熔深要浅些。在操作过程中，整条焊缝的形成往往在始焊端、焊缝的连接处、终焊端等最容易产生缺陷，所以要采取特殊处理措施。

① 始焊端

始焊端焊件处于较低的温度，应在引弧之后先将电弧稍微拉长一些，以此对焊缝端部适当预热，然后再压低电弧进行起始端焊接，如图 5（a）、（b）所示，这样可以获得具有一定熔深并且成形较整齐的焊缝。如图 5（c）所示，由于采取了过短的电弧起焊而造成焊缝成形不整齐。若是对重要焊件的焊接，可在焊件端加引弧板，将引弧时容易出现的缺陷留在引弧板上。

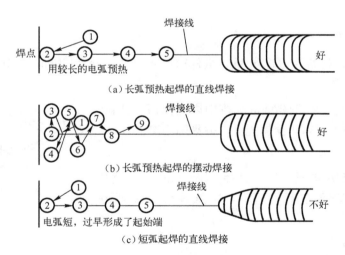

图 5　起始端运丝法对焊缝成形的影响

② 焊缝接头

焊缝接头连接时接头的好坏直接影响焊缝质量，其接头的处理如图 6 所示。

直线焊缝连接的方法是：在原熔池前方 10～20mm 处引弧，然后迅速将电弧引向原熔池中心，待熔化金属与原熔池边缘吻合后，再将电弧引向前方，使焊丝保持一定的高度和角度，并以稳定的速度向前移动，如图 6（a）所示。

摆动焊缝连接的方法是：在原熔池前方 10～20mm 处引弧，然后以直线方式将电弧引向接头处，在接头中心开始摆动，并在向前移动的同时，逐渐加大摆幅（保持形成的焊缝与原焊缝宽度相同），最后转入正常焊接，如图6（b）所示。

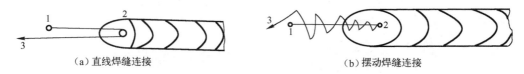

（a）直线焊缝连接　　　　　　　（b）摆动焊缝连接

图6　焊缝接头连接的方法

③ 终焊端

焊缝终焊端若出现过深的弧坑，会使焊缝收尾处产生裂纹和缩孔等缺陷。若采用细丝 CO_2 保护气体短路过渡焊接，其电弧长度短，弧坑较小，不需专门处理。若采用直径大于 1.6mm 的粗丝大电流焊接，并使用长弧喷射过渡，弧坑较大且凹坑较深，所以，在收弧时，如果焊机没有电流衰减装置，应采用多次断续引弧方式填充弧坑，直至将弧坑填平。

直线焊接焊枪的运动方向有两种：一种是焊枪自右向左移动，称为左焊法；另一种是焊枪自左向右移动，称为右焊法，如图7所示。

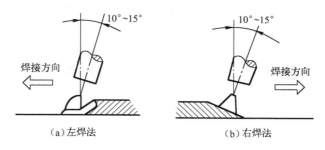

（a）左焊法　　　　　　　　　　（b）右焊法

图7　CO_2 焊时焊枪的运动方向

◇ 左焊法。左焊法操作时，电弧的吹力作用在熔池及其前沿处，将熔池金属向前推延。由于电弧不直接作用在母材上，因此熔深较浅，焊道平且宽，飞溅较大，保护效果好。采用左焊法虽然观察熔池困难些，但易于掌握焊接方向，不易焊偏。

◇ 右焊法。右焊法操作时，电弧直接作用到母材上，熔深较大，焊道窄而高，飞溅略小，但不易准确掌握焊接方向，容易焊偏，尤其在接焊时更明显。CO_2 焊一般均采用左焊法，前倾角为 $10° \sim 15°$。

（3）摆动焊接

在半自动 CO_2 焊时，为了获得较宽的焊缝，往往采用横向摆动运丝方式，常用的摆动方式有锯齿形、月牙形、正三角形、斜圆圈形等4种，如图8所示。

摆动焊接时，横向摆动运丝角度和起始端的运丝要领与直线焊接的一样。在横向摆动运丝时要注意对以下要领的掌握：

◇ 左、右摆动的幅度要一致，摆动到焊缝中心时，速度应稍快，而到两侧时，要稍做停顿；

◇ 摆动的幅度不能过大，否则，熔池温度高的部分不能得到良好的保护；

◇ 一般摆动幅度限制在喷嘴内径的 1.5 倍范围内。

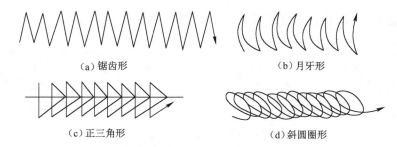

（a）锯齿形　　　　　　　　　　　（b）月牙形

（c）正三角形　　　　　　　　　　（d）斜圆圈形

图8　半自动 CO_2：焊时焊枪的4种摆动方式

模块2　氩弧焊技能训练

氩弧焊是指使用氩气作为保护气体的气体保护焊，氩弧焊是国内外发展最快、应用最广泛的一种焊接技术。近年来，氩弧焊，特别是手工钨极氩弧焊已经成为各种金属结构焊接中必不可少的手段，近些年来，氩弧焊的机械化、自动化程度得到了很大的提高，并向着数控化方向发展，达到了一个更高的阶段。

氩弧焊有钨极氩弧焊和熔化极氩弧焊两种。钨极氩弧焊是用钨棒（纯钨或钨合金）做电极，焊接时钨极不熔化，需另填加焊丝。熔化极氩弧焊使用焊丝作电极，属于熔化极焊接。氩弧焊的焊接过程如图9所示。

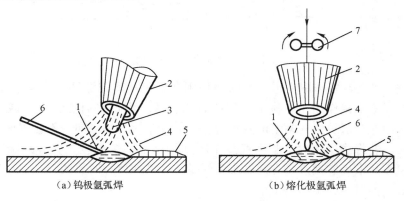

（a）钨极氩弧焊　　　　　　　　　　（b）熔化极氩弧焊

1—熔池　2—喷嘴　3—钨极　4—气体　5—焊缝　6—焊丝　7—送丝滚轮

图9　氩弧焊示意图

（1）钨极氩弧焊的特点

⚡ 钨极氩弧焊的优点

◇ 焊缝质量较高。由于氩气是惰性气体，可在空气与焊件间形成稳定的隔绝层，保证高温下被焊金属中合金元素不会被氧化烧损，同时氩气不溶解于液态金属中，故能有效地保护熔池金属，获得较高的焊接质量。

◇ 焊接变形与应力小。由于氩弧焊热量集中，电弧受氩气气流的冷却和压缩作用，热影响区窄，焊接变形和应力小，特别适用于薄板焊接。

◇ 可焊的范围广。几乎所有的金属材料都可进行氩弧焊。通常，多用于焊接不锈钢、铝、铜等有色金属及其合金，有时还用于焊接构件的打底焊。

◇ 操作技术易于掌握。采用氩气保护无焊渣，且为明弧焊接，电弧、熔池可见性好，适合各种位置焊接，容易实现机械化和自动化。

②钨极氩弧焊的缺点

◇ 生产率较低。

◇ 焊接成本高，氩气较贵。

（2）钨极氩弧焊的应用

碳钢很少选用氩弧焊焊接，但采用氩弧焊做打底焊比较容易获得高质量的焊缝，返修率低，如图 10 所示。所以氩弧焊常用于焊接铝、钛及其合金等化学性质活泼的金属材料和不锈钢等薄板材料。

图 10　氩弧打底焊及焊缝成形

（3）钨极氩弧焊设备

手工钨极氩弧焊设备包括弧焊电源、控制箱、焊枪和供气系统等部分，如图 11 所示。设备型号 WSJ—300 中，"W"表示钨极氩弧焊机，"S"表示用于手工焊接，"J"表示交流焊机，短画线"—"后的数字表示额定焊接电流为 300A；型号 WS—300 中没有"J"表示是直流焊机。

焊接铝、镁及其合金时应选用交流焊机；焊接碳钢、合金钢、不锈钢和铜时应选用直流焊机，并采用直流正接。

注意： 直流反接时因钨极烧损严重一般不选用。

（4）钨极氩弧焊用焊接材料

①氩气

氩气属于惰性气体，不与任何金属起化学反应，也不溶解于被焊的液态金属中。氩气比空气重，使用时不易漂浮失散，有利于保护。氩气属于单原子气体，电弧高温下不分解吸热，因此氩气是一种理想的保护气体。但氩气又属于稀有气体，在空气中含量较少，制取成本高，因此氩气较贵。

GB/T 4842—1995 标准"氩气"规定用于焊接的氩气纯度应不小于 99.99%。氩气以气态形式罐装在氩气瓶内，氩气瓶呈银灰色，瓶体标以深绿色"氩气"字样；氩气瓶工作压

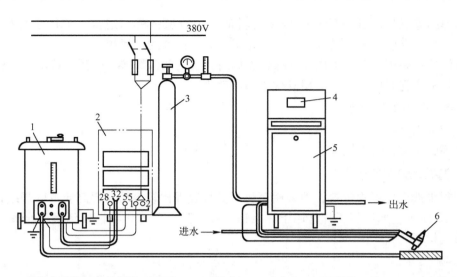

1—焊接变压器　2—控制箱（后面）　3—氩气瓶　4—电流表　5—控制箱（前面）　6—焊枪

图11　手工钨极氩弧焊外部接线图

力为14.7MPa，容积为40L。氩气瓶的气体必须经减压器减压后方可使用，其安全使用规程与氧气瓶的相似。

② 钨极

钨极氩弧焊所用的钨极种类有纯钨极、钍钨极和铈钨极，但目前应用最多的是铈钨极。铈钨极是在纯钨中加入2.0%以下的氧化铈制成，含氧化铈2.0%的钨极牌号为WCe—20。常用的钨极直径有0.5mm、1.0mm、1.6mm、2.0mm、2.5mm、3.2mm、4.0mm等7种。

③ 焊丝

钨极氩弧焊的焊丝只起填充金属作用，焊丝的化学成分与母材相同或相近即可。

2. 碳钢薄板平敷焊技能训练

 操作准备

（1）焊件的准备

① Q235低碳钢板1块，尺寸为200mm×100mm×（2~3）mm。

② 矫平。

③ 用钢丝刷和砂纸将工件焊接区的铁锈打磨干净，完全露出金属光泽，并剔除毛刺。

（2）焊接材料

钨极（纯钨极或铈钨极），直径2.5mm；焊丝H08A，规格φ2.5mm。

（3）焊接设备

手工钨极氩弧焊机WS—315。

操作过程

（1）焊接参数

表3为普通碳素钢手工钨极氩弧焊焊接参数。

表3 普通碳素钢手工钨极氩弧焊焊接参数

板厚（mm）	电流（直流正接）（A）	焊丝直径（mm）	焊接速度（mm·min^{-1}）	氩气流量（L·min^{-1}）
0.9	100	1.6	300~370	4~5
1.2	100~125	1.6	300~450	4~5
1.5	100~140	1.6	300~450	4~5
2.3	140~170	2.5	300~450	4~5
3.2	150~200	3.2	250~300	4~5

（2）开机送气

启动焊机，将电流调节到合适的数值，打开氩气瓶气阀，调节氩气流量。

（3）引弧

钨极氩弧焊一般采用高频高压引弧或高压脉冲引弧，在焊机中都装有这种引弧装置，焊枪上有引弧开关，按如图12所示方法握持焊枪。将钨极对准焊缝起始位置，该起始位置应选在工件右端，钨极端头距离工件表面约3~5mm，按下开关即可引燃电弧。

图12 持枪方法

（4）焊接

在引弧后，焊枪停留在原地不动，稍加预热，形成熔池后再开始填加焊丝，自右向左移动焊枪进入正常焊接过程。手工钨极氩弧焊通常采用左焊法，即焊接时，焊枪与焊丝自工件右端向左端移动，焊接电弧指向待焊部分，焊丝位于电弧运动的前方，如图13所示。平焊时的焊枪角度与填丝位置如图14所示。焊接时要保证焊枪的角度和送丝位置，力求做到送丝均匀，以保证焊缝成形。

（a）左焊法　　　　　　　　　（b）右焊法

图13 左焊法时的焊丝位置

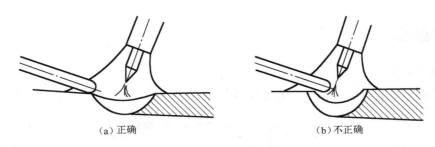

（a）正确　　　　　　　　　　　　　　　（b）不正确

图 14　平焊时的焊枪角度与填丝位置

（5）填丝

手工钨极氩弧焊的填丝技术对焊缝质量至关重要，操作时应注意以下 3 点。

① 填丝时，焊丝应与工件表面成 15°，快速地从熔池前沿点进，随后撤回，如此反复。但要注意撤回焊丝时不能使焊丝端头离开保护区，以免焊丝端头被氧化和在下次送进时造成氧化物夹渣或气孔。

② 填丝时不应将焊丝直接放在电弧下面，也不可让熔滴向熔池"滴渡"。

③ 填丝时钨极不能与焊丝接触，如不慎使钨极碰到焊丝，将产生很大的烟雾和飞溅，会造成焊缝污染和夹钨。这时应立即停止焊接，将钨极磨尖后重新进行焊接。

模块 3　埋弧焊技能训练

电弧在焊剂层下燃烧进行焊接的方法称为埋弧焊，在焊接过程中，焊剂熔化产生的液态熔渣覆盖电弧和熔化金属，起保护、净化熔池，稳定电弧和渗入合金元素的作用。埋弧焊是一种适于大量生产的焊接方法，广泛用于焊接各种碳钢、低合金钢和合金钢，也用于不锈钢和镍合金的焊接和表面堆焊。

1. 埋弧焊相关知识点

埋弧焊的原理如图 15 所示。焊接时在不断送进的焊丝与工件之间形成电弧，电弧在一层颗粒状的焊剂掩埋下燃烧，电弧不外露，因此称为埋弧焊。

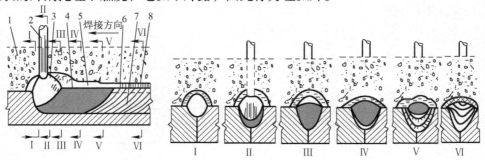

1—焊剂　2—焊丝　3—电弧　4—金属熔池　5—熔渣　6—焊缝　7—工件　8—渣壳

图 15　埋弧焊原理示意图

（1）埋弧焊的特点

埋弧焊中焊丝的送进和电弧的行走都是由埋弧焊设备自动完成的，所以埋弧焊属于自动焊。与焊条电弧焊相比，埋弧焊具有以下特点。

① 埋弧焊的优点

◇ 生产率高。埋弧焊焊丝表面没有药皮，可以使用大的焊接电流，工件熔化深度大，单位时间内焊丝的熔化量也相应增加，显著提高了生产效率。与焊条电弧焊相比，埋弧焊的电流密度（单位面积通过的电流）大，加上焊剂和熔渣的隔热作用，热效率高，熔深大，可以减小工件的坡口角度，因而可以减少填充金属量。以厚度为 8~10mm 的钢板对接为例，单丝埋弧焊的焊接速度可达 500~800cm/min，而焊条电弧焊则为 50~80cm/min。如果是采用双丝、多丝或带状电极埋弧焊，则焊接生产率更高。

◇ 焊缝质量好。埋弧焊的焊缝焊波均匀，表面美观。由于焊接过程稳定，焊缝质量取决于焊接设备、焊接材料及焊接参数等因素，不受焊工操作技能及情绪因素的影响，因此容易获得表面平整美观、化学成分均匀的优质焊缝。

◇ 节省材料和电能。埋弧焊熔深大，可以不开坡口或使用较小的坡口角度即可焊透较大厚度的工件，且焊接过程没有飞溅，因此减小了金属材料的浪费，减少了焊接材料和电能的消耗。

◇ 工人劳动条件好。自动化的焊接过程减轻了工人的劳动强度；同时由于电弧在焊剂层掩埋下燃烧，消除了弧光、飞溅和烟尘对焊工的危害及对环境的污染。

② 埋弧焊的缺点

◇ 埋弧焊只适于平焊和平角焊。

◇ 不适于易氧化材料的焊接，不适于薄板和短焊缝的焊接。

◇ 对坡口精度及焊前装配质量要求高。

（2）埋弧焊的应用

埋弧焊一般用于中厚板的长直焊缝或大直径环缝的焊接，适用于低碳钢、低合金钢及不锈钢的焊接。

（3）埋弧焊设备

埋弧焊机包括弧焊电源、控制箱和焊接小车（或机头），为了减小占地面积，一般是将弧焊电源和控制箱做成一体，如图 16 所示。埋弧焊一般用粗焊丝，电弧静特性曲线是水平的，电源具有下降的外特性。埋弧焊的电源可以是交流的也可以是直流的。直流弧焊电源一般用于焊剂稳弧性差、小电流、高速焊接及对焊接参数稳定性要求较高的场合，其他情况下则选择交流电源。

埋弧焊机的型号的标示如 MZ—1000、MZ—800 等，其中"M"表示埋弧焊机，"Z"表示自动焊，"—"后面的数字表示额定焊接电流。

（4）焊接材料

埋弧焊的焊接材料包括焊丝和焊剂。

图16　埋弧焊设备

① 焊丝

焊丝指焊接时作为填充金属或同时用于导电的金属丝。埋弧焊焊丝符合国家标准GB/T 14957—1994"熔化焊用钢丝"，常用焊丝牌号有 H08A、H08MnA、H10Mn2、H08Mn2SiA、H08Mn2MOA 等。

常用的焊丝直径有 2mm、3mm、4mm、5mm、6mm 等规格，在焊接不同厚度的钢板时，应选用相应的焊丝直径。

为了防止焊丝生锈，通常在焊丝表面镀铜。使用没有镀铜的焊丝时，焊前应人工或使用专用设备对焊丝表面清除油污、铁锈等。

② 焊剂

焊剂是指焊接时能够熔化形成熔渣和气体，对熔化金属起保护和冶金处理作用的一种物质。埋弧焊的焊剂呈颗粒状，作用与焊条药皮相似，在焊接过程中起到隔离空气，保护焊接区域金属使其不受空气的侵害，以及冶金处理的作用。

焊剂分类

焊剂分类方法很多，但无论按哪种方法分类，都不能概括出焊剂的所有特点。

◇ 按焊剂制造方法可分为熔炼焊剂和烧结焊剂。

◇ 按焊剂用途可分为低碳钢焊剂、合金钢焊剂和不锈钢焊剂。

◇ 按焊剂氧化锰含量可分为高锰焊剂、中锰焊剂、低锰焊剂和无锰焊剂。

◇ 按焊剂氧化物性质可分为酸性焊剂、中性焊剂和碱性焊剂。

焊剂的型号

焊剂型号指国家标准中焊剂的编号。因焊剂与焊丝配合使用决定了焊缝金属化学成分和力学性能，故焊剂型号使用焊丝—焊剂组合型号表示，国标 GB/T 5293—1999"埋弧焊碳钢焊丝和焊剂"中根据焊丝—焊剂组合的熔敷金属力学性能和热处理状态进行划分和编号。例如，型号 F4A0—H08A，第 1 位是字母"F"，表示焊剂；第 2 位是数字，表示焊丝—焊剂组合的熔敷金属抗拉强度的最小值；第 3 位是字母，表示试件的热处理状态，其中"A"表示焊态，"P"表示焊后热处理状态；第 4 位是数字，表示熔敷金属冲击吸收功不小于 27J 时的最低试验温度；短画线"—"后是组合焊丝的型号。

焊剂型号的含义如下：

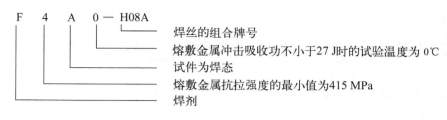

焊剂牌号

牌号是我国焊剂行业对焊剂的统一编号，用汉语拼音和一组数字表示。

◇ 熔炼焊剂牌号用汉语拼音字母"HJ"表示用于埋弧焊及电渣焊的熔炼焊剂；其后第 1 位数字表示焊剂中的氧化锰含量；第 2 位数字表示焊剂中的氧化硅和氟化钙含量；最后一位数字表示同一类型焊剂的不同编号，按 1、2、3……9 的顺序编排。如 HJ431 表示的含义如下：

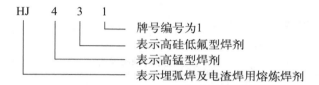

◇ 烧结焊剂牌号用汉语拼音"SJ"表示，用于埋弧焊的烧结焊剂；其后第 1 位数字表示焊剂的渣系；第 2、第 3 位数字表示同一渣系焊剂的不同编号，按 01、02……09 的顺序编排。如 SJ50l 的含义如下：

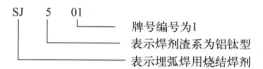

2. 埋弧焊技能训练

 操作准备

（1）焊件的准备

板料 1 块，材料为 Q235A 钢，焊件的尺寸为 500mm × 125mm × 10mm，如图 17 所示。

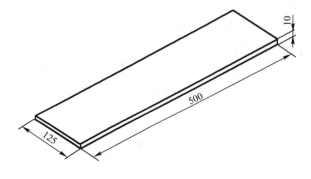

图 17　焊件尺寸

② 矫平。

③ 清理板件正反两面油污、铁锈、水分及其他污染物，至露出金属光泽，并剔除毛刺。

④ 沿500mm长度方向每隔50mm划一道粉线作为埋弧焊焊道准线。

（2）焊接材料

焊剂HJ401，焊前进行烘干。

焊丝H08A，ϕ4mm、ϕ6mm。

（3）焊接设备

MZP—1000自动埋弧焊机。

 操作过程

（1）焊接参数（见表4）

表4 埋弧焊时焊接参数

焊丝及其直径（mm）	焊接电流（A）	电弧电压（V）	焊接速度（m/h）
H08A ϕ4	640～680	34～36	36～40

（2）焊接操作

➡ **引弧前的操作步骤**

① 检查焊机外部接线是否正确，如图18所示。

② 调整轨道位置，将焊接小车放在轨道上。

③ 将盘绕好的焊丝盘夹在固定位置上，然后把焊剂装入焊剂漏斗内。

④ 接通焊接电源和控制箱电源。

⑤ 调整焊丝位置，并按动控制箱上的按钮"37"中的"向上"或"向下"按钮，使焊丝向上或向下对准待焊处中心，并与焊件表面轻轻接触。调整导电嘴，使焊丝伸出长度为5～8mm。

⑥ 将开关"33"转到焊接位置上。

⑦ 按焊接方向将自动焊车的换向开关"36"转到向前或向后的位置。

⑧ 调节焊接参数。可分别调节旋钮"32"、"1"、"30"。

⑨ 将离合器"35"手柄向上扳，使主动轮与焊接小车减速器相连接。

⑩ 开启焊剂漏斗阀门"14"，使焊剂堆敷在始焊部位。

➡ **引弧**

按下启动按钮2，焊丝会自动向上提起（接触状态），随即焊丝与焊件之间产生电弧，当达到电弧电压给定值时，焊丝便向下送进。当焊丝的送给速度与焊丝熔化速度同步后，焊接过程稳定。此时，焊接小车也开始沿轨道行走，焊机进入正常的焊接过程。

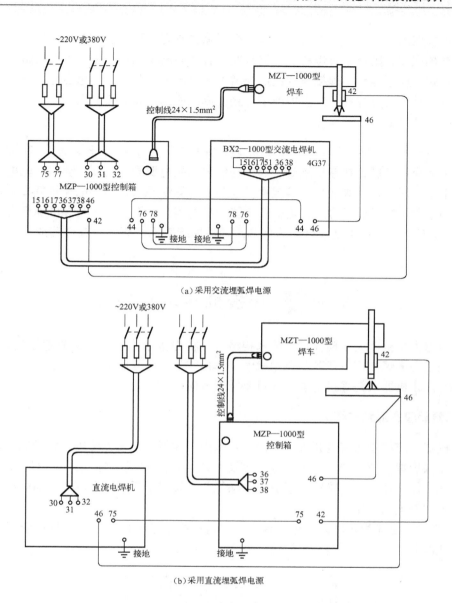

(a) 采用交流埋弧焊电源

(b) 采用直流埋弧焊电源

图18 MZ—1000自动埋弧焊机外部接线图

如果按启动按钮后，焊丝不能上抽引燃电弧，而把机头顶起，表明焊丝与焊件接触太紧或接触不良，这时需要适当剪断焊丝或清理接触表曲，再重新引弧。

➡️ 焊接过程

焊接过程中，应随时观察控制盘上的电流表和电压表的指针、导电嘴高低、焊接方向指示针"19"的位置及焊缝成形情况。

如果电流表和电压表的指针摆动很小，表明焊接过程稳定。如果发现指针摆幅增大，焊缝成形不良时，可随时调节"电弧电压"旋钮、"焊接电源遥控"按钮、"焊接速度"旋钮。可用机头上的手轮"9"调节导电嘴的高低，用小车前侧的手轮"27"调节焊丝相对准线的位置。调节时操作者所站位置要与准线对正，以避免偏斜。

观察焊缝成形时，要等焊缝凝固并冷却后再除去渣壳，否则会影响焊缝的性能。观察焊件背面的红热程度，则可了解焊件的熔透状况。若背面出现红亮颜色，则表明熔透良好；若背面颜色较暗，应适当减小焊接速度或适当增大焊接电流；若背面颜色白亮，母材加热面积前端呈尖状，则已接近焊穿，应立即减小焊接电流或适当提高电弧电压。

⇨ 收弧

按停止按钮"3"时应分两步：开始先轻轻往里按，使焊丝停止输送，然后再按到底，切断电源。如果一下就把按钮按到底，焊丝送给与焊接电源同时切断，会因送丝电动机的惯性继续向下送一段焊丝使焊丝插入熔池中发生与焊件黏结现象。当导电嘴较低或电弧电压过高时，采用这种不当的收弧方式，电弧会返烧到导电嘴，甚至将焊丝与导电嘴熔合在一起。

焊接结束后，要及时回收未熔化的焊剂，清除焊缝表面渣壳，检查焊缝成形情况和表面质量。

模块 4 焊接机器人简介

焊接机器人是机器人与现代焊接技术相结合，在焊接结构生产中部分地取代人的劳动，通过程序控制完成焊接作业任务的典型机电一体化产品。随着制造业，特别是汽车工业的发展，采用智能化机器人是焊接自动化的重要发展方向。

1. 弧焊机器人的基本组成

弧焊机器人应用于所有电弧焊、切割技术范围及类似的工艺方法中。常用的有钢的熔化极活性气体保护焊（CO_2 焊、MAG 焊），铝及特殊合金熔化极惰性气体保护焊（MIG 焊），钨极惰性气体保护焊（TIG 焊）及埋弧焊。除气割、等离子弧切割及等离子弧喷涂外，还实现了在激光切割上的应用。

如图 19 所示是弧焊机器人的组成系统，它包括机械手、控制系统、焊接装置和焊件夹持装置等几部分

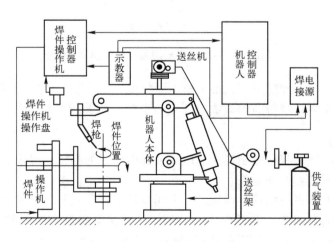

图 19 弧焊机器人的组成

机械手又称操作机，是弧焊机器人的操作部分，是机器人为完成焊接任务而传递力或力矩并执行各种运动和操作的机械结构。其结构形式主要有机床式、全关节式和平面关节等形式。它主要包括机器人的机身、臂、腕、手（焊枪）等。

控制系统是负责控制机械结构按所规定的程序和所要求的轨迹，在规定的位置（点）之间完成焊接作业的电子、电气元件和计算机系统。另外，控制系统还必须能与焊接电源通信，设定焊接参数，对引弧、熄弧、通气、断气及焊丝用尽等状态进行检测，对焊缝进行跟踪，并不断填充金属形成焊缝。精度一般可控制在 ±0.2 ~ 0.5mm。复杂的机器人系统还有引弧失败可以重复引弧、断弧再引弧、解除黏丝、搭接缝搜索、多层焊接、摆动焊接，以及焊缝的电弧跟踪或视觉跟踪功能。

焊接装置主要包括焊接电源和送丝、送气装置等。

夹持装置上有两组可以轮番进入机器人工作范围的回转工作台。

2. 机器人的应用

采用机器人作业的工位、工段或生产线上的设备综合起来统称为机器人配套工艺装备。其综合的形式取决于焊件的特点及其生产的批量。在电弧焊时，通常要合理地分配机械手和焊件变位机械这两类设备的功能，使两类设备按照统一的程序进行作业。这样，不但简化了机器人的运动和自由度数，而且还降低了对控制系统的要求。

如图20所示，采用两个安有装配夹具的回转工作台，操作者将焊件装配好后，由回转工作台送入焊接工位，而焊完的焊件同时转回原位，经操作者检查、补焊后从工作台上卸下。这种组合方式的特点是：

① 能及时地对焊接质量进行检查。

② 简化了机器人配套工艺装备的运用，并能焊接很复杂的焊件。

③ 为了使装配间隙保持一致，操作者可随时进行调整，纠正焊缝的位置偏差。

④ 操作者与焊接机器人同时工作，为了改善作业条件，两者之间应用弧光飞溅隔离屏隔开。

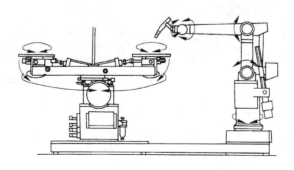

图20　与两工位回转台配合使用示意图

应用机器人配套工艺装备生产时，在一个工位上完成的工序应尽量集中。在一套设备上加工焊件，可节省辅助时间，有利于减少焊件的焊接变形，并能提高焊件的制造精度。如图21所示是将整体装配好的焊件放在焊接变位机上由机器人进行焊接的示意图。

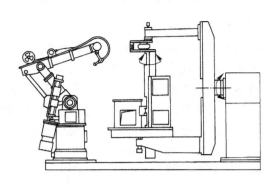

图 21　与翻转机配合焊接示意图

焊接机器人的使用受到焊件结构形式、产品批量、焊接方法及质量要求、配套设备的完善程度及调试维修技术等多种因素的影响。因此，在引进和选用机器人时应考虑以下几个方面：

① 焊件的生产类型属于多品种、小批量的生产性质。

② 焊件的结构尺寸以中小型焊接机器零件为主，且焊件的材质、厚度有利于采用点焊或气体保护焊的焊接方法。

③ 待焊坯料在尺寸精度和装配精度等方面能满足机器人焊接的工艺要求。

④ 与机器人配套使用的设备，如各类变位机及输送机等应能与机器人联机协调动作，使生产节奏合拍。如图 22 所示是利用焊接机器人焊接起重机动臂的生产实例，如图 23 所示是机器人进行汽车车厢的生产实例。

图 22　焊接起重机动臂

图 23　焊接汽车车厢

总之，焊接机器人的应用应注重于焊接产品的关键部位，使焊工从有害、繁重的劳动中解放出来，达到提高生产率、产品质量，降低生产成本，实现自动化生产的目的。

模块 5　训练项目评分标准

1. CO_2 平敷焊评分标准

CO_2 平敷焊的评分标准见表 5。

表5 CO_2气体保护平敷焊的评分标准

考核项目		考核要求	配分	评分标准
焊缝外观检查	焊缝长度	280～300mm	10	每短5mm扣2分
	焊缝宽度	14～18mm	10	每超1mm扣2分
	焊缝高度	1～3mm	10	每超1mm扣2分
	焊缝成形	要求波纹细、匀、光滑	8	酌情扣分
	平直度	要求基本平直、整齐	8	酌情扣分
	起焊熔合	要求起焊饱满熔合好	10	酌情扣分
	弧坑	无	10	一处扣2分
	接头	要求不脱节，不凸高	16	每处接头不良扣2分
	夹渣、气孔	缺陷尺寸≤3mm	18	缺陷尺寸≤1mm，每个扣1分；缺陷尺寸≤2mm，每个扣2分；缺陷尺寸≤3mm每个扣3分，缺陷尺寸>3mm，每个扣5分

2. 钨极氩弧焊平敷焊评分标准

钨极氩弧焊平敷焊评分标准见表6。

表6 钨极氩弧平敷焊评分标准

考核项目		评分标准
焊缝外观检查	焊缝高度（h）	h1≤1mm得6分，每增加1mm扣2分
	焊缝高低差（h1）	C<12mm得4分，12mm<c<15mm得2分，c>15mm得0分
	焊缝宽度（c）	c1≤1mm得6分，每增加0.5mm扣2分
	焊缝宽度差（c1）	≤3mm得5分
	焊缝边缘直线度误差	0°≤θ≤3°得5分
	咬边	无咬边10分；深度≤0.5mm，每2mm扣1分；深度>0.5mm得0分
	焊后角变形（θ）	优14分
	表面成形	良9分
		中4分
		差0分
焊缝内部质量检查 GB/T3323—2005		Ⅰ级片无缺陷50分；Ⅰ级片有缺陷>35分；Ⅱ级片无缺陷30分；Ⅱ级片有缺陷>15分；Ⅲ级0分

3. 埋弧焊评分标准

埋弧焊的评分标准见表7

表7　埋弧焊的评分标准

考核项目及内容		考核要求	配分	评分要求
焊缝外观检查	焊缝宽度差	≤2mm	30	>2mm，扣30
	焊缝平直程度	≤2mm	30	>2mm，扣30
	夹渣、气孔	缺陷尺寸≤3mm	40	缺陷尺寸≤1mm，每个扣5分；缺陷尺寸≤2mm，每个扣8分；缺陷尺寸≤3mm，每个扣10分；缺陷尺寸≥3mm，每个扣15分

复习与思考

一、判断题

1. （　　）CO_2 焊的电源种类与极性应采用直流反接。

2. （　　）CO_2 焊时，焊丝伸出长度通常取决于焊丝直径，大约以焊丝直径的10倍为宜。

3. （　　）CO_2 气瓶瓶体表面漆成银灰色，并漆有"液态二氧化碳"黑色字样。

4. （　　）CO_2 焊时，焊接速度对焊缝区的力学性能影响最大。

5. （　　）CO_2 气体保护焊的不足之处是氧化性强，不能焊易氧化的有色金属。

6. （　　）钨极氩弧焊焊接不锈钢、低碳钢时，应采用直流正接。

7. （　　）钨极氩弧焊焊接铝及铝合金时，应采用直流反接。

8. （　　）钨极氩弧焊焊接时，氩气流量越大，保护效果越好。

9. （　　）氩气不溶于液态金属，不会导致产生气孔。

10. （　　）氩弧焊时，氩气保护效果可以根据焊缝表面颜色判断。

11. （　　）埋弧焊在焊接位置方面仅适于平焊和平角焊。

12. （　　）埋弧自动焊工艺参数主要根据工件接头形式和板厚选择。

13. （　　）与焊条电弧焊相比，埋弧自动焊的主要缺点是不适合焊接薄板。

14. （　　）不接触引弧法是埋弧自动焊常用的一种引弧方法。

15. （　　）埋弧自动焊时，焊剂堆积高度一般在2.5～3.5cm范围比较合适。

二、单项选择题

1. CO_2 焊如果采用含有硅、锰脱氧元素的焊丝，则（　　）飞溅已不显著。

A. 焊接工艺参数不当引起的　　　　　　　B. 由极点压力引起的

C. 熔滴短路时引起的　　　　　　　　　　D. 由冶金反应引起的

2. 薄板对接立焊位置半自动 CO_2 焊时，焊接方向应采用（　　）。

A. 左焊法　　　　B. 右焊法　　　　C. 立向下焊　　　　D. 立向上焊

3. Q235 钢 CO_2 气体保护焊时，焊丝应选用（　　）。

A. H10Mn2MoA　　　B. H08MnMoA　　　C. H08CrMoVA　　　D. H08Mn2SiA

4. 目前，CO_2 焊适用于（　　）的焊接。

A. 有锈钢　　　　B. 钛及钛合金　　　C. 镍及镍合金　　　D. 低合金钢

5. （　　）不是 CO_2 焊时选择焊接电流的根据。

A. 工件厚度　　　　　　　　　　　B. 焊丝直径

C. 施焊位置　　　　　　　　　　　　D. 电源种类与极性

6. 氩弧焊要求氩气纯度应达到（　　　）。

A. 95%　　　　　B. 99%　　　　　C. 99.9%　　　　　D. 99.99%

7. 氩气瓶工作压力为（　　　）MPa。

A. 15　　　　　B. 18　　　　　C. 20　　　　　D. 22

8. 氩气瓶瓶体漆成（　　　）色并标有深绿色"氩"字。

A. 白　　　　　B. 铝白　　　　　C. 淡黄　　　　　D. 银灰

9. 钨极氩弧焊适用于焊接下列哪种结构？（　　　）

A. 薄板　　　　　B. 厚板　　　　　C. 大厚板　　　　　D. 中厚板

10. 手工钨板氩弧焊常采用哪种方法引燃电弧？（　　　）

A. 接触短路引弧　B. 敲击式引弧　C. 摩擦式引弧　D. 高频、高压引弧

11. 与焊条电弧焊相比，埋弧自动焊的优点不包括哪项？（　　　）

A. 生产率高　　　　　　　　　　　B. 焊接质量好且稳定，焊缝表面美观

C. 对锈、油、水不敏感，不易出气孔　　D. 节省焊接材料和电能

12. 决定埋弧焊焊道厚度的主要因素是什么？（　　　）

A. 焊接电流　　　B. 电弧电压　　　C. 焊接速度　　　D. 焊丝直径

13. 埋弧自动焊最主要的工艺参数是（　　　）。

A. 焊接电流　　　B. 电弧电压　　　C. 焊丝熔化速度　D. 焊接速度

14. 埋弧焊的坡口形式与焊条电弧焊基本相同，但由于埋弧焊的特点，应采用（

A. 较大的间隙　　　　　　　　　　B. 较大的钝边

C. 较小的钝边　　　　　　　　　　D. 较大的坡口角度

15. 埋弧自动焊应注意选用容量恰当的（　　　），以满足通常为 100% 的满负载持续率的工作需求。

A. 焊接电缆　　　B. 一次电源线　　C. 焊接小车　　　D. 弧焊电源

三、问题答

1. 气体保护焊中常用的保护气体有哪几种？

2. 氩弧焊的特点有哪些？

3. 钨极氩弧焊设备主要由哪几部分组成？

4. 埋弧焊时焊接参数如何选择？

参 考 文 献

[1] 北京市工伤及职业病危害预防中心. 焊工. 北京：机械工业出版社，2005.
[2] 李荣雪. 焊工工艺与技能训练. 北京：高等教育出版社，2008.
[3] 邓红军. 手弧焊实训. 北京：机械工业出版社，2005.
[4] 雷世明. 焊接方法与设备. 北京：机械工业出版社，2005.
[5] 张依莉. 焊接实训. 北京：机械工业出版社，2008.
[6] 《职业技能鉴定教材》、《职业技能鉴定指导》编审委员会. 电焊工（初、中、高级）. 北京：中国劳动出版社，2002.
[7] GB/T 3375—1994 焊接术语. 北京：中国标准出版社，1995.

反侵权盗版声明

电子工业出版社依法对本作品享有专有出版权。任何未经权利人书面许可，复制、销售或通过信息网络传播本作品的行为；歪曲、篡改、剽窃本作品的行为，均违反《中华人民共和国著作权法》，其行为人应承担相应的民事责任和行政责任，构成犯罪的，将被依法追究刑事责任。

为了维护市场秩序，保护权利人的合法权益，我社将依法查处和打击侵权盗版的单位和个人。欢迎社会各界人士积极举报侵权盗版行为，本社将奖励举报有功人员，并保证举报人的信息不被泄露。

举报电话：（010）88254396；（010）88258888

传　　真：（010）88254397

E - mail：dbqq@ phei. com. cn

通信地址：北京市万寿路 173 信箱

　　　　　电子工业出版社总编办公室

邮　　编：100036

验证码（资料包下载密码）使用说明

本书封底验证码为配套资料包下载密码。

下载电子教学参考资料包前请登录华信教育资源网（www. hxedu. com. cn），免费注册成为网站的会员。注册并激活会员账号成功后，请先用注册用户在网站登录，然后用本书书名或作者名检索本书，单击进入本书终极页面，您会看到本书配套电子教学参考资料包，单击"下载"按钮，会弹出资料包下载密码输入框，请输入封底标签上的验证码，验证通过后即可下载。下载时请勿使用网际快车或迅雷等下载工具。资料包下载密码只能使用一次，逾次作废。

本书验证码在资料包下载时能够验证通过，则说明本书为正版图书。

使用本书验证码下载资料包时如有任何问题，请拨打电话 010-88254591 或发邮件至 hxedu@ phei. com. cn。